她品牌

卓越女性的经营智慧

钱永静 / 著

中国商业出版社

图书在版编目（CIP）数据

她品牌：卓越女性的经营智慧 / 钱永静著. -- 北京：中国商业出版社，2022.1
ISBN 978-7-5208-1960-2

Ⅰ.①她… Ⅱ.①钱… Ⅲ.①女性－成功心理 Ⅳ.①B848.4

中国版本图书馆CIP数据核字(2021)第245284号

责任编辑：林 海

中国商业出版社出版发行
（www.zgsycb.com 100053 北京广安门内报国寺1号）
总编室：010-63180647　编辑室：010-83118925
发行部：010-83120835/8286
新华书店经销
香河县宏润印刷有限公司印刷

*

710毫米×1000毫米　16开　14印张　200千字
2022年1月第1版　2022年1月第1次印刷
定价：58.00元

****

（如有印装质量问题可更换）

推荐序一

受永静诚邀,为她的处女作写几句话。拜读之后,赞叹之余,许久,不知从何落笔。

与她相识数年,见面却寥寥。然,直觉她就是这本书的最佳"代言人"。《她品牌:卓越女性的经营智慧》——致力于让自己及更多的女性成为"有追求""有颜值""有能力""有事业""有家庭"的"五有"魅力女性。

在与她不多的交流中,每每让我惊叹的是她身上有一股不断向上的生长力,正如她书中所列举的九种"力",可谓身体力行。她从一位空姐,到全民航最年轻的乘务长,再到空乘教官,又转身为一位冠军妈妈。眼下,她不仅是讲师,也是女性成长导师;不但是创业者,还是作者……一个时代女性的无畏绽放,未来可期,她的路,还很长,很长……

因为,她有使命。她说:"能够见证越来越多女性自身力量的觉醒,获得经济独立,成为家族的骄傲,实现梦想,这就是我的使命。"每个努力使自己变得更好的人,不是为了取悦别人,而是为了成就自己,先使自己变得优秀,才能更好地激励别人。所谓:自度度他。

我一直相信这句话:"You will be what you want to be."如果一个人心

存善念，胸怀使命，坚持前行，最终，定会成为他理想中的那个人。过程中，或许会兜兜转转、起起落落，哪怕看起来是种意外，实则都是必然。因为，执着于梦想的人，他（她）所走的每一步都由心系，魂牵梦萦终能到达。

这是个好时代。

这个时代让女性有了更多选择的可能。以往诸多制约女性成长的因素在改变、在消融。绝大多数女性终能"成为自己"——无论是在职场打拼，还是居家操持；无论是从事自由职业，还是投资创业……在各种角色中，表现出众、长袖善舞的女性比比皆是。在全球范围内，无论是政治舞台、经济领域抑或家庭、社群，女性的领导地位都不断在提升，话语权也日渐增强。然而……

这是个可以更好的时代。

早在1949年，法国女作家波伏娃就在她的《第二性》书中指出："一个男人不会想到去写一本男性在人类中占据的特殊位置的书。""两性从来没有平分过世界，今日仍然如此。现今包含着往昔。当女人开始参与规划世界时，这个世界仍然是属于男人的世界；男人并没有觉察到这一点，而女人也几乎觉察不到。"此书面世距今已经过去了70多年，如今仍然包含着往昔。为此，这些年，我和几位好友谋划着也想为女性做点什么，却不如永静，坐言起行，实是汗颜。

正如波伏娃所言："我开始以新的眼光观察女性，于是，在我眼前出现了一个又一个令人惊叹的发现。"于我，这个发现就是：女性的整体素养、能力与地位，在很大程度上折射着、影响着一个家庭、一个民族、一个国家的最终力量。回到现实，作为一名女性，我确为女性如今向好的改变而欣喜。同时，在多年的职场经历中，我曾亲眼目睹因与生俱来的生理原因、他人的固化思维与社会偏见，女性遭遇了种种不公。我乐观而审慎地预计，这样的不公在我有生之年会有好转但不会断灭。10多年来，我在多家上市公司工作过，无论是担任执行董事还是独立董事，我都是其中唯一的女性。眼见着在中层管理岗位中男女比例几乎平均对等的情况下，到了高层，女性的比例却断崖式下跌。

希望这本《她品牌：卓越女性的经营智慧》能契合当下"她经济""她时代"的潮流，助力每一个渴望成长的女性汲取经验和力量，让每一个女性看到自身的潜能与"人生更多的可能性"。在温柔中坚持，在喜悦中担当。

愿本书及永静所发起的好女孩女性成长平台，能陪伴更多女性共同成长、自由绽放，在成为更好的自己的过程中，更好地成为自己。

许芳

TCL集团董事长特别顾问

同行公学（惠州）教育科技董事长

推荐序二

大爱大美，至柔至坚

青音

"青音老师，我有个学员患上了严重的抑郁症，你有没有时间帮帮她呢？"那是我和永静第一次比较深入的互动，彼时我们还只是互相加了微信却从未谋面的"网友"。

同样是搞心理学、同样是面向教育市场，所以她对学员的呵护和关切的急迫心情，我能懂。

受她所托，不忍怠慢，正在丽江和先生度假的我，马上给她的学员做了远程心理咨询。先生很好奇，到底是何方神圣能够让我立刻中断休假马上投入工作，我当时不知道该如何描述永静和她的事业。因此，我说："她吧，是个蛮神奇的女子。"

相比"女孩"和"女人"，我更愿意称呼女性为"女子"，"女子"这个称呼带着卓然的气质，尤其是当她已经活出自我、越发蓬勃的时候，她便成了一颗种子，来到人间，仿佛带着播撒爱的使命——那么永静便是了。

19岁，成为一名优秀的共产党员；

20岁，成为深航的一名空姐；

21岁，成为国内民航领域最年轻的乘务长；

23岁，登上"深航女孩"封面；

33岁，创办好女孩大学；

34岁，获得环球夫人中国总冠军；

35岁，成为戛纳电影节"亚洲影响力"人物；

36岁，成为央视"影响力人物"访谈嘉宾；

37岁，荣获国际投资论坛"最具商业投资价值奖"。

一个奇女子的奋进和汗水，都在这短短几行字的人生履历里了。别的女人会用20年成就完美的家庭和孩子，永静的20年不仅成就了完美的家庭和孩子，还成就了自己。这大概是永静最引以为傲的，也是她毕生的追求，那就是——帮助更多的女性，活出她们自己。

"女人嘛，头发长见识短……"

"你呀，就是太小女人……"

"还不是因为我是个女人……"

"没办法，谁让咱们是女人……"

不知道有多少女性，在漫长的一生里，都对自己持续进行自我矮化和自我攻击，对于她们来说，女性性别本身就是弱点和限制——身为女人，她很抱歉……

美国著名心理学家大卫·霍金斯花了30年，研究并且创作了《心理能量层级图谱》。在这本书中，他告诉我们：内疚、自责和羞愧是人类心理能量中最低的级别，也是真正的负能量。这负能量的魔咒有多强大呢？内疚、自责和羞愧的情绪强大到足以杀死自己——这便是抑郁症这一精神疾病除了大脑生物学因素之外的真正心理根源所在。而内疚、自责和羞愧，也是很多女性的生命无法绽放的心理底层密码。

永静大概很早就发现了这个秘密。

在创业之前,她不仅是一名出色的民航乘务长,还是一位演讲专家,在一次又一次的活动中,她发现女性一旦站上了演讲舞台,就会焕发出不可思议的生命光彩。在那一刻,女人由于被看到、被关注、被认可,犹如向日葵一般蓬勃怒放,生命能量立刻实现了跃升。

她开始创业,创办"好女孩大学",成了一个带领万千女性破解生命底层密码、活出自我的人,也成了很多女性生命中的"贵人"。

从家庭到事业,从演讲到打造个人品牌——创业之路是异常艰辛的,但是永静的信念一直很坚定:用生命影响生命,这才是生命的价值所在。

我曾经问过她一个很俗的问题:"你是如何平衡事业与家庭的?"她的回答又勇敢又深情:"没有平衡,只有取舍。秘籍就是享受当下。拼搏工作的时候把客户当初恋,没有老公;享受天伦之乐的时候把家人当全部,没有工作。"

在她的朋友圈里,我从未曾看到过负能量,她永远身姿挺拔、巧笑倩兮地穿梭于课堂、舞台、活动、旅途中,过着忙碌又充实的日常,言语中从未有过对事业的倦怠,永远充满着积极正面点燃他人的智慧和能量。

这样的女子,谁会不爱呢?

在很多个场合中,我都表达过这样的观点:人生的快乐分为三个层次:

第一个层次是本能欲望被满足的快乐,那只是在满足快感,也就是让身体产生快乐的感觉,但这种快感是稍纵即逝的。

第二个层次的快乐是创造心流,所谓心流,就是自己在专心致志做热爱的事情时内心获得宁静又满足的快乐,但是这种快乐通常只和自己有关。

第三个层次的快乐就是点亮他人，用自己的价值让别人活出价值，用自己的影响力影响更多的人，也能活出自己。这也是永静在事业中始终坚持的信念——"一朵云推动另一朵云，一个生命影响另一个生命"。这样的快乐将是最具有生命意义的，也将是无与伦比的。

现在，永静把她的"快乐魔法"集结成了这本书，用九大章节告诉每一个内心彷徨的女性——你比你想象得更强大，请你，再勇敢一点。

大爱方有大美，至柔便可至坚——祝福永静，也祝福每一个更加绽放的女子！我们一起加油！

青音

家庭治疗学派知名心理专家、2010年和2011年
"全国播音主持金话筒奖"获得者、
【千人主播】创富计划发起人

序

让时代女性无畏绽放

有句话流行了很久：你若盛开，蝴蝶自来。无论用于职场、家庭还是人际交往，这句话都对。你若自信优雅，就能在职场上如鱼得水；你若情商高，有智慧，家庭就能经营得顺畅美好；你若不断成长与提升，就能处理好与外界的关系。这是一个一切皆有可能的时代，作为女性无须恐惧，不要自我设限，只有不敢想的远方，没有拼不来的精彩。这也是一个只要有梦想就能实现的时代，女性有更多的机会创造属于自己的舞台，活出不一样的人生，从而产生自身的影响力，去影响周围的人。

女人的成长不受年龄的约束和限制，女性既可以是职场上拼搏的实力派，也可以是相夫教子的温情派；既可以拥有独处时的岁月静好，也可以站在演讲台上激昂雄辩；既可以牵着孩子的手与孩子一起成长，也可以走出属于自己的T台秀。"她时代"，女性要尽情绽放，让我们既拥有高跟鞋的骄傲，也拥有平底鞋的安全感。每一位女性，只有自己为自己做主，才有做不完的公主梦和打不败的女王心。

我们是什么样的人，取决于我们选择成为什么样的人。愁云惨淡诉苦抱怨是一生，明媚阳光知足常乐是一生，拼搏奋斗努力进取是一生，依赖自卑不思进取是一生。所以，成为一个什么样的人不是生活的塑造，而是我们自己的选择。

一个有魅力的女人永远都能把握生活的主动权，我总结了一下，女人不管在哪个年龄阶段都应该具备：

　　自立，通过自己的努力去追求自己想要的生活；

　　自强，自我成长，不甘于落后是女人一生的价值；

　　自律，会管理自己的人比会管他人的人更强大；

　　自信，对周围的一切都抱有积极乐观的信念；

　　自悟，遇事悟理，哪怕吃一堑也一定要长一智，从中生慧；

　　自爱，学会接纳情绪，与自己和身边的人与事物和解；

　　自尊，实现自我价值的产生才能拥有真正的尊贵感。

　　以上这些组成了一个女性的自我魅力与价值感，使女性能够真正活出自己，成为自己，并引导和影响别人。

　　我们不能决定什么时候遇到什么样的人，是否会幸福，也不能改变别人的价值观和认知。即使能够遇到对的人，也需要自己有更好的修为才能与之匹配和同频，否则就无法吸引对方。因此，为了成为一个有魅力的人，吸引到更多有价值的人，我们需要不断修炼自己，让自己具备更多的女性力量，向前一步，走得更远，走向美好。

　　在航空公司十余年，我给大量的女性讲课，培养她们成为内外兼修的女人，但这还远远不够。于是，我创办"好女孩大学"，希望去更多的地方，为更多的女性讲课。好女孩不是女强人，而是强女人，既能拥有独立的经济，又能经营好家庭，不为钱和情所困，真正在这个自由的时代无畏地绽放。

　　每个人的一生都是在为自己写自传，过好自己的一生，才能惠及身边所有的人，才有能力向周围的人奉献爱和美。这是一个精彩的世界，也是一个充满机会与挑战的世界，每个"她"都可以无畏绽放。

　　作为女性，活出属于自己的独特魅力，是一种人生态度；活出价值感与影响力，是一种人生信念。唯有如此，才能收获更多的自信与快乐，甚至命运也会为此而改变。每个人都是一个"IP"，我们要努力打造个人品牌，为"她时代"代言，成为这个时代更精彩的一抹色彩。

从事"女性影响力"这项事业，我接触了大量的女性，我希望每个女性都能拥有"好"生活，成为别人的"好"榜样，也能拥有属于自己的舞台，过属于自己的快意人生，爆发出自己的女性力量。

本书从女性的几大核心力量展开，通过改变思维认知和个人成长，同时不忘以积极行动起来为目标奋斗，最终让女性在收获领导力的同时，也能产生更多的影响力和幸福力，达到在事业上帮带别人，家庭中传承价值的目的！我衷心希望每个"她"都能活得富足而自由，有独立的经济基础和情感归宿，也有诗和远方！

引言

女性，不要忽视自己的力量

每一个人都能成为一束光，在自己发光的同时，也可以照亮别人。所以，每个人都不要忽视自己的力量。

随着现代女性教育程度的提高，大量女性成了劳动力，甚至胜任领导角色，也在各个领域做出了成绩。在逐渐实现经济独立的同时，我们也开始向往实现自我，寻找和实现人生目标。为此，很多与女性相关的事业，慢慢地崛起。我们已经不再像我们的母亲或祖母生活在落后的年代，我们的生活方式已经不同，也不再把所有的时间都花在家里，或放弃对自己的尊重和自由，我们有自己的想法和主见，也开始对一些传统的女性观念产生了质疑，并试图去改变。在经济方面，有不少女性赚的钱超过男性，给自己带来自由感、价值感，甚至是安全感。

据调查统计，世界上超过一半的女性亿万富翁来自中国。无论我们是母亲、妻子、姐妹、朋友，还是职业女性，身为女性，都发自内心地渴望拥有家庭、事业、金钱和亲密关系，还有不少女性经常感叹，认为自己处于一种"没人懂我""没人疼我""没人爱我"的痛苦中，甚至有不少女性为了证明自己而走向两个极端，要么觉得自己很痛苦，要么大力提倡女权主义，认为男人不可靠，靠自己才是最靠谱的。为了给自己保障，也可能是实际情况使然，不少女同胞认为自己必须变成全能的。比如，让自己多学东西充满竞争力，把握每一个工作上的机会，赚更多的钱多爱自己，把自己变得更美丽，使自己更年轻身材更好，反正就是要成为一个多面手，而且必须成为一名女神，在不知不觉中给自己定了各种隐形的指标。当然，学习是重要的，赚钱是重要的，变美也是重要的，但不能由此放弃我们自己的女性能量。不是为了赢得权力和地位，才能显示自己厉害和独立。

什么样的女性力量才是真正的厉害和独立呢？在我看来不是把自己变成男人婆，不是比男人更强，让自己成为勇士或多面手，更不是在生活的方方面面都有控制权。我们的力量不需要多么刚硬，我们应该发挥自己独特的天性，如安静平和、柔和坚韧，通过经受历练进行思考和成长。男人有男人的力量，女人有女人的美好，这样才是女性真正的力量。

在成长的过程中，我们一定有过女性榜样，比如特雷莎修女、居里夫人、奥黛丽·赫本、董明珠等。我们在参照这些女性榜样的时候，一定会不由自主地产生一种强烈的愿望，希望成为像她们一样的人。这些女性榜样身上散发出的力量各有不同，有的美丽优雅，有的钻研进取，有的无私奉献。无论是什么样的特质，这些女性榜样释放的力量都是她们作为女性独特的个人魅力。这些榜样向我们示范如何做一个女人，既成功又美好。

我认为，女人强则中国强。每一个女人都既是孕育孩子的人，也是教育孩子的人，更是缔造美好家庭的人，还肩负传承一代又一代人的重任。推动摇篮的手就是推动世界的手。所以，每个女性最终都要达到"好"的境界，拥有好生活、好工作、好口才、好能力，从而实现自身的价值和力量，影响身边的人，最终影响世界。

自从"好女孩大学"开办以来，已见证了很多女性的蜕变，她们从普普通通的人变成更具价值的人。其中，一名曾经充满负能量的学员令人印象深刻。我第一眼看到那位学员时，她愁眉苦脸，每一次说话都痛哭流涕，不停抱怨婚姻问题、孩子不好、婆婆不好。她身上的负能量令身边人想远离她。一个内心痛苦的妈妈，怎么可能养育出快乐的孩子呢？她的孩子在幼儿园经常被说不合群。后来，她跟着我们一起学习，开始重拾信心并懂得爱自己，不仅成功挽救了婚姻，还在演讲比赛中获得了前三名的好成绩。她的老公亲自为她送上鲜花，她的孩子对她赞不绝口：妈妈，你是我最好的朋友！她再次落泪，但这眼泪却是幸福开心的。这样的生命蜕变在"好女孩大学"数不胜数。

她们之中，有骨灰级的家庭主妇，在创业模式下获得自己十几年来的第一笔"巨额"收入；有和另一半冷战长达5年的事业成功的女性，在老师以身作则的案例教学下，学会温柔的力量，家庭事业双丰收；还有很多孩子尚在学龄期的妈妈。看到她们从内至外的改变，孩子们都高兴地说：妈妈，你快去上"好女孩大学"吧……

能够见证越来越多女性自身力量的觉醒，获得经济独立，成为家族的骄傲，实现梦想，这就是我的使命。

所以，我们不要忽视自己的力量。女性，应该先活出自己，其次才是扮演好其他角色，如此，人生才不会有缺憾。这个时代是最好的时代，给予了女性更多可能和机会，使女性既可以与男性在职场上一争高低，也可以在生活中保留女性本色，修炼出属于自己的个人魅力。

目 录

第1章

思维力：最强的竞争来自"头脑"

打破女性的固有思维 / 2

积极思维在女性发展中的重要性 / 5

正念思维给予女性更多的力量 / 10

生而为女人，要有同理心 / 14

好性格是女人成功的基础 / 18

培养影响他人情绪的能力 / 21

乐观的女人，离幸福更近 / 23

治愈自己的社交恐惧症 / 27

第2章

成长力：成长比成功更重要

女人的成长比成功更重要 / 32

学习能力才是女性的核心竞争力 / 34

做个专注力强的女生 / 38

看似柔弱的女子要学会反脆弱 / 40

学会时间管理，做效能女性 / 43

给自己积极的心理暗示 / 46

想要掌控人生，先养成好习惯 / 49

女人的成长离不开自律 / 52

成长是知世故却不世故 / 56

第3章

目标力：给自己估值与定位

女生要为自己定个目标 / 60

相信自己能，你就一定能 / 62

目标被内心的渴望所吸引 / 64

为目标进行积极规划 / 67

想达成目标离不开意志力 / 69

实现目标离不开自我管理 / 72

帮别人实现目标 / 75

每天向目标进步一点点 / 77

第4章

行动力：最快的捷径，说了就要去做

别让梦想变成空想 / 82

女子本勤快 不患拖延病 / 84

机会留给有准备并积极践行的人 / 88

让行动力变成高质量的勤奋 / 90

任何时候开始都不晚 / 93

反惰性，多行动少抱怨 / 95

突破恐惧走出舒适区 / 97

信念有多强，行动力就有多强 / 99

第5章

领导力：致力于看得见的行为改变

女人要做自己的 CEO / 104

全职妈妈也是家庭的领导者 / 106

女性既要柔韧又要有力量 / 109

让自己发光，别人才会被点亮 / 111

如何平衡工作和家庭 / 113

想领导别人先修自己的格局 / 117

绽放人格魅力，修炼吸引力 / 119

领导力来自知识、见识和胆识 / 121

第6章

影响力：拥有强者的沟通方式和领导风格

社交时代，沟通力就是生存力 / 126

公众演说力就是影响力 / 130

形象气质是看得见的实力 / 132

让高情商缔造影响力 / 134

谦卑的人自带影响力 / 137

越柔和平静越有锋芒 / 139

影响力离不开"靠谱" / 141

第7章

幸福力：勇者不惧，不惧者幸福

为什么很多人感觉不到幸福 / 146

提升自己的幸福能力 / 148

不要陷入"受害者"的思维模式 / 150

积极感受爱并学会如何去爱 / 152

杜绝与一切关系的"暴力沟通" / 155

表达对别人的喜爱与赞美 / 157

善于发现身边的"小确幸" / 160

第8章
增值力：你的底气来自你的价值

女性自我价值感低的表现 / 164

自信与自尊是女人的护身符 / 166

价值的实现不需要过度奉献 / 168

经济独立 + 精神独立 = 自我价值 / 171

女人的"值感"离不开"质感" / 173

富养自己，不要亏待自己 / 177

价值实现是"爱"，不是"控制" / 180

第9章
传承力：一个好女人，影响三代人

你是妈妈更是你自己 / 186

活出自己，给孩子当榜样 / 188

用爱给孩子更多安全感 / 191

女人是家庭的守护者 / 194

影响男人而不是调教男人 / 196

成为真正的人生"赢"家 / 199

第1章
思维力：最强的竞争来自"头脑"

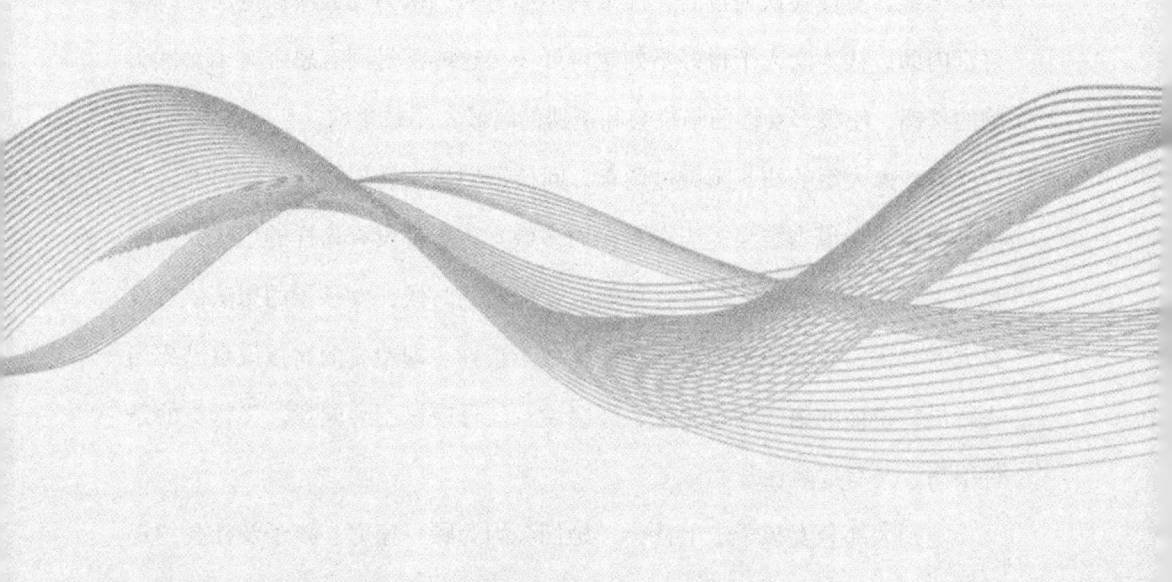

打破女性的固有思维

什么是固有思维呢？其实，固有思维也可以定义为惯性思维。也就是说一个人从小到大形成的思维定式，看问题习惯性地按照自己接受教育形成的价值观和思维去分析和思考，从而表现出特定的解决问题倾向和方式。一般而言，固有的东西是很难打破的。就如同故事中从小被链子拴住的小象，它试着挣脱过无数次，由于怎么也挣脱不了，等到长大有能力挣脱时，它却不会再进行尝试，因为它的思维已经固化，它认为挣脱不了是理所当然的，它就应该挣脱不了了。

在现实中，很多人难以进步和取得成功，受到的阻碍因素大部分来自固有思维，女性会认为自己天性柔弱不如男人，认为女人应该退居二线当好贤内助，认为女人干得好不如嫁得好……这些都是固有思维对于女性头脑的禁锢，使很多女性面临机会和机遇的时候，不敢争取。

有一家大型的幼儿园做过调查，问孩子们长大后想做什么样的人，大部分男孩子会说当警察，当军人，而多数女孩子都没有这样的想法。等到孩子大一些，继续跟踪调查，再问这个问题的时候，女孩子的想法依然没有太大变化，她们很少会像男孩一样敢于选择。即使有的女孩说自己想当飞行员，说话的语气却很胆怯，还会说"父母应该不会同意，飞行员的条件很高，又有危险性"。

等到大部分女孩子走上社会，她们会因为顾忌家庭、孩子及社会约定俗成的价值观和思维定式，因而把自己的梦想偷偷藏起来，不敢去实现。有不少女性为了迎合大众的思维，甚至放弃和牺牲自己的梦想，认为自己嫁人以后就该把事业、梦想让位于维护家庭，在当了母亲之后，她们更是认为自己应该为了孩子放弃爱好。还有不少女性认为，女人如果太过成功，会不讨人喜欢，会显得过于强势，也会为了事业和梦想不顾家，不顾孩子，为了工作让孩子失去更多的陪伴，等等。这些负能量的话，都出现在大家的议论中。

所以，女性的固有思维便是：事业有成的人多数是男性，即使我再努力，等我结婚成家以后还是需要回归家庭，还是要放弃自己的梦想和职业，所以我爬得再高也无济于事。一旦有了这样的固定思维，思想就会变得固化，始终对自己持否定态度，比如，不可能、没办法、怎么会、没想过、不知道等。这些词汇会让你的大脑停止思考，不再为结果找答案，陷入没方法等于没能力的误区，也会使你在做事的时候出现推卸责任的状态，比如常出现的口头禅会变成不知道、没想过、不是我的错，会心安理得地让自己处于一种不用负责的状态里。这样看似逃避了一些责任，实际损失了很多成长的机会，也会削弱一个人的能力。一个不敢担责任的人凡事不敢往前冲，更不敢拼，甚至呈现出不给钱不干活、给钱少不愿做的被动状态，久而久之就丧失了获得财富的能力。

在我们"好女孩大学"的学习营中，不少女性刚加入的时候并不自信，大部分女性对于登台演讲表现出抵触和胆怯，并且有强烈的固化思维，认为自己口才不好，不是演讲的料；认为自己体形外貌不够优雅，很难提升气质……在学习一段时间以后，她们往往会有非常大的思想改变。她们会认为一切皆有可能，没有改变不了的现状，只有愿不愿意改变的决心。

女性只有打破自己的固有思维和行为习惯，才能在看问题和解决问题上有所突破。任何一种能力的提升，都需要通过不断刻意练习来达到，心智和思维也是如此。女性应该让成长型心智带领自己突破瓶颈，因为限制性的思维会给自己套上无形的枷锁。

我们应该问问自己：我们现在是成长型心智吗？我们拥有终身成长的心态和思维吗？

有个故事里讲，一个二十岁的女孩找心理专家进行咨询，原因是她觉得自己又丑又矮，相貌丑陋，心理自卑到认为自己一生都嫁不出去。心理专家看到女孩虽然并不是姿色出众，但也绝不是丑陋的人，所以给了她一个任务，让她去借一些人类学的书，从中找到各种各样面貌身材丑陋的人，看她们是否成功地将自己嫁了出去。两周后，女孩又去找心理咨询专家。她找到了一些书，上面有鸭嘴女人、香肠嘴女人、长颈鹿脖子女人，还有肥屁股女人、浑身留有瘢痕的女人，等等。尤其是非洲部落和其他原始地区的女人，无论形象多么不堪，都能将自己嫁出去。后来，心理专家又让女孩到城里最繁华的教堂去观察结婚的人，看看那些新娘是不是个个都国色天香。结果女孩观察了几周下来发现，无论新娘打扮得多么艳丽，但看五官都是十分平凡普通的人，跟自己一样。新娘高矮胖瘦形态各异，有的新娘十分肥胖，有的新娘十分矮小，但见她们在当新娘的那一刻都满脸幸福。

慢慢地，这个女孩发生了改变，不再像之前那样认为自己是一个丑陋的女人，而是开始打扮自己，并且一天天变得自信起来。女孩的变化来自心理专家的独特方法，让女孩的固有思维发生了改变，从之前对自己外貌形象的不自信，慢慢变得开始懂得美是多元化的概念，美丑因人而异。之前，女孩认为相貌平平就不能嫁出去，现在她知道即使相貌平平，甚至有些丑陋，也可以嫁出去。这就是女孩打破自己固有思维的过程。

每个人都会有这样或那样的固有思维，要多问自己：你想做什么？你有什么渴望？告诉自己要敢于选择。当你真正投入到一件事情中时，内心不会经常听到如"我不该这么选择""我真后悔当初没有尝试""我后悔了"等话语。在你的内心，一定会有另一种声音响起："我要为自己的选择负责任，即使是错的，也不后悔。"也许短暂的选择并不能马上看出效果，但只要是内心所选，就要勇于挑战，做最好的自己，时间会告诉你一切。

积极思维在女性发展中的重要性

人们生活和努力的终极目标就是获得快乐，有人想要一份更好的工作，有人想挣更多的钱，有人想给家里人更好、更高品质的生活，有人想通过努力获得个人和财务的安全感。所有人之所以追求这些终极目标，是因为这样就能获得快乐。在大部分情况下，衡量成功的真正标准，就是你是否开心。人们一生中希望得到的就是积极的情绪、爱、快乐、平静，然后激励自己成功。成功的人大部分时间都秉持积极的思维，所以他们更开心、友善，受大家欢迎，而且比其他人从生活中得到更多的快乐。

所有的人都想过得开心，每个人和自己希望得到的快乐之间的主要障碍是什么呢？如果有办法消除生活中的消极情绪，那么就能避免人生中的大部分问题，也就能够完全发挥自己的潜能。人的大脑一次只能有一种想法，要么是积极的，要么是消极的，但是一旦你不能有意识地秉持积极的情绪，那么消极的想法或者情绪就会充满你的大脑。

对于同一个问题，拥有积极思维的人和拥有消极思维的人所产生的反应是非常不同的。比如，消极思维的人会说：

我办不到；

我受的教育有限；

我对钱不感兴趣；

我没有资金；

我不富有；

我买不起……

积极思维的人会说：

我怎样才能办到？

我要不断学习；

我要学习如何让自己赚钱；

我要想办法买得起我喜欢的东西……

积极思维是一种情感和精神上的状态，用大白话来概括就是凡事往好的方面去看，培养自己对于幸福、健康、成功的心理预期，并且让自己拥有富足平和的心态，培养对成功的感激之情。我们都知道思维的力量，想法影响行动，行动影响个人与他人的关系，关系的好坏又决定是否能够走得远，是否能够成功。所以，积极的思维力量不可低估。

在大家的认知里，我扮演了很多角色，我是空姐，我是创业者，我是家庭主妇，我是环球夫人中国赛区总冠军，我是两个孩子的妈妈……而让我把每个角色都能做好的底气就是我的积极思维模式。做空姐的时候，我力求做到完美，不但出色完成了空姐的任务，最后还晋升为督导，给空姐们讲课；当创业者的时候，我希望把"好女孩大学"办得成功，带动和引领更多的女性成长；当家庭主妇和妈妈的时候，我时刻不忘与孩子一起成长；成为环球夫人中国赛区总冠军的时候，我更加奋发图强，希望自己走得更远。我总觉得自己是与众不同的，是优秀的，是能够成功的。这种积极的心理暗示带给我不一样的领悟，也吸引来同样积极的结果。

在我们身边也有很明显的例子，那些具备积极思维的人能够带给自己，也能带给别人希望和幸福感。而充满消极悲观思维的人，往往带着负能量，使别人很难受，自己也不好受。经济学家研究不同的女性，发现不同思维对于创造力等各方面有非常大的影响。他们普遍认为，那些拥有积极思维的人比拥有消极思维的人幸福得多，也更容易获得成功。最重要的是，积极思维带来的是正能量，是活力与希望，这样的人可以带着一帮人一起做事，把事情做成功。

那么，作为女性如何培养自己的积极思维呢？

第一，控制自己的行为状态。

一个人意识的好与不好均取决于自己，当你成为情绪的主人，你才能决定自己的心态，而不受外界的影响。你自己的想法、行为和感受是自己来控制的，而不是靠外在的力量。当我们心情变得糟糕的时候，往往会在肢体上有所显示，比如会变得冷漠、焦躁，交叉双臂拒人于千里之外，这样的肢体语言就会把周围的人推远，使他们不敢靠近你，这样会让你更加不安、愤怒，钻进牛角尖里。所以，要从外在的肢体语言进行改变，从而促进内在的情绪变化，试着控制自己的肢体语言，试着把紧张的习惯扼杀在萌芽状态，比如坐立不安或皱眉。要想学会这项技能，你需要观察自己；一旦你发现自己神经痉挛或开始萎靡不振，就挺直腰板。当你把身体保持在有力的姿势时，积极的思想将能够更自由地流动。就像《扫除道》里讲的那样，如果你感觉情绪要变得糟糕，不妨进行一场大扫除，百术不如一清，打扫得很干净的地方自然会散发出正气，让人心生敬畏。凡事追求干干净净的人能收获：整洁有序的家庭环境；服务家人的幸福感；更高的自尊水平和自律力；更好的工作和生活习惯。重视我们的环境，清扫我们的心灵，这是《扫除道》教给我们的智慧。然后，你将更加专注，并做一些事情。

第二，心态支配着大脑的思维和想法。当我们的心态变得不好的时候，周围的一切也会变得更糟。

举个最简单的例子，我们开车在路上遇到堵车的时候，如果心态不好就会按喇叭，说一些抱怨的话，这样引起的连锁反应使我们觉得堵车的时间特别漫长。反过来，如果摇下车窗看看外面，或者利用堵车的间隙打开某个音频听一段资讯或新闻，就能轻松度过堵车的时间，而不让自己升起坏情绪。所以心态是自己能够选择的，你可以选择关注正面或负面，这完全取决于你的心态。如果你总是关注负面的影响，那么就会吸引更多的负面事件；如果你始终关注正面的影响，那么就会吸引更多积极的东西来到身边。积极的思维可以绕过愤怒和不便，让你享受当下，全身心地投入其中。通过有意识的选择关注生活中积极的时刻，你将开始重新构建自己的思想，培养感恩和开放的心态，而不是消极和封闭的心态。

第三，习惯对意识产生很大的影响，所以平时要研究自己的习惯。坏习惯要改掉，好习惯要升华。

比如，你一想到要上台演讲就会变得焦躁不安，甚至给自己找借口和退路，并且质疑自己的综合能力，然后怀疑自己不是上台演讲的那块料，于是打了退堂鼓……这就是自我否定的习惯，而不是想着如何去克服自己的恐惧心理，去挑战和学习。如果我们平时遇事都是这样去应对的，那么就要集中精力,用积极的想法阻止怀疑的螺旋式上升。如果你能够在消极思维模式失控之前将其切断,你就可以转而回忆积极的肯定。通过训练你的大脑用积极的思想阻挡消极的想法,你就是在稳步地训练自己停止消极的思维方式。恐惧不会再主宰你,这就是积极思考的力量。

第四,平时的语言也会对思维造成影响。

无论是在谈话中还是演讲中,都要用积极、肯定、鼓励、赞赏等这些具有正能量的语言。积极的语言用语可以影响你的心态,同时也能影响其他人对你的反应。可以把自己改不掉的负面词汇写下来,并且在每一个否定的词语旁边写一个积极的词汇作为选择。把这些积极的词汇留在脑海中,以便下次使用。当你用的语言词汇越来越积极,那么你就会发现自己的心态也在慢慢发生改变,从而思维也会跟着变得积极起来。

第五,向身边拥有积极思维的人学习。

任何一个领域,成功的人往往都有让人钦佩的地方。如果你总是习惯性地用负面思维来看待问题,不妨找找你所在领域里那些成功的人,看看他们是如何做事,如何用正向思维看待问题的。平时我们很多人喜欢写下成功人士的座右铭来激励自己,就是这个道理。

之所以说积极思维可以通过培养和训练来实现,是因为一个人无法改变自己的出生,无法改变自己原生家庭的状态,甚至无法改变与自己相关的一切外在关系,但却可以通过改变自己去实现影响别人,从而慢慢地把这些原本不能改变的东西变得更加和谐和积极。

正念思维给予女性更多的力量

提到"正念",很多人对这个概念不太理解或者一知半解,为此会疑惑正念思维是什么,对于生活将会起到怎样的作用和影响,又到底有什么意义。其实,说得简单一些,正念就是一种当下的觉察,正念不仅会给我们的情绪思维、身体状态等带来很多积极的作用力,还会帮助我们更加深入地探索自己,探索生命。

正念来源于佛学,但所起的作用远不止于佛学所提倡的冥想,当代正念是去宗教化、去脉络化,是科学的。当代正念有一个操作性的定义,即正念是有意识的、不带评判的对当下的注意,以及通过有意识的、不带评判的对当下的注意而生起的觉知,它服务于自我理解、喜悦和智慧。大量的科学研究证明,正念训练能够减轻压力,稳定情绪,改善睡眠,提高免疫力,还能延缓衰老。

关于正念思维,有个故事值得我们学习。

一个印第安老人给他的孙子讲了一个故事。他说:"孩子,我们内心深处都有两只狼。一只狼代表着假、恶、丑;另一只狼代表着真、善、美。这两只狼在我们一生中都在不停地缠斗。"孙子想了想,问道:"那么,哪只狼会赢呢?"老人摸着孩子的头,说:"你喂的那只。"

这个故事告诉我们爱是可以生长的,而自私是可以抑制的。正念的思维就是我们要让爱、喜悦生长,把一些不美好的东西从生活中剔除。通过重新训练我们的大脑意识，我们将变得更加专注，心变得柔软，不断为自己加油，就是把正念带入你的生活。

完全专注一件事，就像人们说的"一念天堂一念地狱，全在于一念之间"。身为最具灵性的生物，人的意念有着非常强大的力量，为什么我们要锻炼正念的思维，正在于此。当我们意识到自己的念头，觉察到自己头脑中的各种想法，正心正念的时候，许多事情就会在不知不觉中发生转变。我们每个人都想做些什么去改变自己的命运境况，或者是当下的境遇，却不知道这一切唯心造。

内在升起觉察的时候，真正给内在的自己多一点耐心，多一点温柔，多一点关照，你就会逐渐发现有一种强大的力量正在从你的意识深处慢慢发芽，它会在你全然的、对自己的关照中打破伤痕累累的壳子，重新长出一个全新的升级的内在自我。

举个简单的例子。

你去参加一个会销，你看到有不少和自己同龄的人都很成功，并且能够站在讲台上讲得非常好。原本，你在这个时刻应该为这些人感到高兴，但是你的思绪却在飘飞，你不知不觉间就想到自己年纪这么大了，却没有这么成功，为此你又想到自己何时才能像别人一样呢。这么想来想去，你完全没有觉察到自己思绪翻飞，不知不觉间陷入了沮丧情绪之中。这样一来，你就无法把所有的注意力集中在眼下的学习时刻，你的情绪会变得消极，你的内心也会因此而沮丧。这样的状态当然不是你想要的，若你拥有正念，你就会把意识集中于当下这一刻，感受到学习与看到别人成功带给自己的动力，相信自己一定会和那些站在讲台上的人一样获得成功与幸福。这就是用正念帮助自己，也是正念对于我们的强大作用力。

不管在生活中遇到什么样的困难，都要保持内心的强大，保持内心的平和。因为内心的强大与平和是解决所有问题之道，而这种强大与平和来自你真正了解自己，信任自己。唯有如此，你才能够真正平静。只要心不乱，任何事情都可以解决，那么如何才能心不乱呢？这就是我们要学的正念思维，当你觉得思绪纷杂、心烦意乱的时候，就要闭上眼睛深呼吸5次，每一次吸气的时候内心默数12345，呼气默数12345。就这样重复5次，然后什么都不做，只是静静地观察你的身体，感受你的想法、你的呼吸、你的心跳。通过这样的方式让自己在当下逐渐平静之后，再去觉察当下每一个纷杂的念头和想法。

之前也听过不少当了妈妈的女性朋友讲，她们为了避免与孩子冲突，会在快要控制不住自己的时候在心里默念5个数。所以，女性不管面对孩子还是面对配偶，甚至是面对顶头上司，都要学会让情绪巧妙地撤出。这是为了给自己"冷静地段"和"缓冲带"，等待情绪的冲突平息下来，而不是进入争斗和报复的循环之中。然后，我们才能理智地解决问题。这就是正念思维。

记得有一次我应邀去一所学校分享，那天我目睹了老师是如何管理学生的。她带的班级是三年级，学生们正处于精力旺盛、不服管理的状态。当时，课堂由数学转为阅读鉴赏。孩子们吵吵闹闹，教室的状态就像"蛤蟆坑"，一群小青蛙在旁若无人地聒噪，教室陷入一片混乱。站在教室后面的我暗暗替老师捏了一把汗，不知道她将如何收场。我看到老师凝视着后面的黑板，安静地站在讲台上。她既没有冲着孩子们高声呵斥，也没有敲黑板或做出其他让孩子们安静的动作和手势。孩子们注意到了老师的样子，开始降低声音，坐在后排的几个孩子悄悄说"老师又在数数呢"。这句话很快传开来，孩子们渐渐地安静了下来，看着老师。我看到老师深呼吸了一口气之后，开始阅读范文，进行讲解。课堂气氛很轻松，孩子们回答问题都积极而有趣。

下课后，我问老师："当时是不是因为有我在的原因，才控制住情绪，用默默数数的方式让情绪撤离的呢？"老师笑着对我说她根本没有数数。只是看到孩子不能安静，她临时想了一个办法。只要他们不安静，她就不讲课，所以哪怕耳边孩子的说话声此起彼伏，但她都没有表现出急躁和抓狂，而是趁着这个机会让自己休息片刻。因为在等大家安静的过程中，对着墙壁发呆，她正好可以让大脑放空休息一下。这位老师告诉我，她唠叨或批评的时候孩子们反而不听话，说得更凶，但是他们知道只要老师发呆，就证明老师已经铁了心，他们只要说话，老师就不讲课。此招百试不爽。

听这位老师这么说，我觉得这位老师能够很好地控制自己的情绪，也能够用正念思维进行思考。她用沉默冷静让情绪撤出，意味着从造成冲突的情形中撤出来。这样的撤出带给孩子们的是震慑和威严，反而将孩子们的行为转向积极的一面。

生活中，我们总会遇到抓狂的时候，深呼吸倒数 5 个数，或者让自己进卫生间躲几分钟，这都是积极撤离情绪的方法。让大脑从缺氧的状态恢复到充氧的状态，仔细想想，是不是能换一个思路思考让自己抓狂的事情，而不是把自己逼进牛角尖。慢慢地抚慰自己，在平复心情的同时，火气也就慢慢消退了。

就像夫妻争吵到快要爆发战争的时候，如果有一个人先躲出房间一会儿，或者有一个人能沉默几分钟，那么彼此就会冷静下来，唤醒自身的正能量。"倒数 5 个数或者进卫生间躲躲"是在给对方，也是在给自己思考的时间，唤回自己的理性力量。冷静以后，才能对问题进行有效分析，然后再采取相应的行动，对症下药，从而化解心中怒火，也能让对方认识到自己的错误，并改正错误，也就不会因为情绪的火越烧越旺，给双方心理造成阴影。这样的处理方式，能让家庭中的每个成员都在轻松、安全、愉快、温馨的环境中，自由畅快地呼吸。

一个控制不住情绪的人，只要通过学习和觉悟，就能找到自己情绪的按钮，在适当的时候按下暂停键，使自己的心情、生活和人生由此而发生改变。暂停一下，智慧就来了。

生而为女人，要有同理心

有一句非常好的话，叫：责人之心责己，恕己之心恕人。这句话是思维力精髓中的精髓，也是每个人生活当中能够赢得一切关系的秘密武器。因为做到这一点，就等于拥有了换位思考的能力，也就拥有了与别人交换立场的能力。

人们得出结论，最高的修养是说话让人舒服，办事让人放心。让人舒服的人一定是细心体谅他人，极具同理心的人。他们的魅力来自丰富、内敛、温情、善良，他们会由内而外散发出高贵的气质。

我在课上对学员讲过，女人的优雅首先来自同理心。理解别人才能站在别人的立场上思考，才会生出对别人的接纳与理解，这样更容易让别人敞开心扉。这不仅是高情商的一种表现，也是一种大智慧。作为妻子能够对丈夫同理，那么丈夫就会表现得更理解人，作为妈妈对孩子同理，那么孩子就会更懂事。毫不夸张地讲，同理心是我们在一切关系中与人相处融洽的葵花宝典。

现实中如果两个人争吵，比较常说的话有两句。第一句是："你怎么就不理解我呢？"第二句是："你好好想想你自己有没有错？"这两句话很有意思，都是站在自己的角度去说。当我们和别人说"你怎么就不理解我"的时候，事实上也正好是你不理解别人的时候。双方都没能够站在对方的角度去思考问题，这就是我们心理学上经常说的缺乏同理心。其实一个人做事能不能够成功很多时候依靠智商，但是能不能真正把成功的成果保持住，并继续走向成功，考验的则是会不会做人，也就是情商高不高。情商的基础就是同理心，也就是我们常说的能不能进行换位思考，站在对方的角度去想问题。如果一个人出了问题先从自己身上找原因，不抱怨、埋怨，不把责任推到别人身上，能够做自我检讨，这样就是换位思考。很多人做错了事，总是给自己找原因，不但认为自己情有可原，而且等到别人犯错了，就会指责别人：你怎么这样办事呢？

所以，不会换位思考的人同理心的能力不够。这些年，各种书籍文章中经常出现"同理心"这个词，同理心是什么呢？其实，同理心并不是什么新的东西，我们中华字库里早就有类似的词语，比如将心比心、换位思考、设身处地为别人着想之类。同理心就是将心比心。在同样的时间、地点、事件中，将当事人换成自己，设身处地地去感受，因而体谅他人。一个人如果没有同理心，往往会站着说话不腰疼。同理心不仅仅是人的一种素质，也是一种思维方式，常规的同理心是把当事人换成自己，把自己带入当事人的场景之中，设身处地去感受和理解当事人，强调的是举一反三、推己及人，用行动帮助别人。这两个方向其实是不一样的。

举个例子：张三晚上下班的时候经过小区附近的一条路，被一块散落的石头绊倒，摔了一跤，张三会怎么做呢？抱怨一通，骂几句，走人吗？如果张三有推己及人的同理心，他可能会举一反三问自己：如果有其他人也是晚上骑车经过这里，万一撞在石头上怎么办？于是张三主动把石头搬开，避免了其他人遭遇潜在的危险，这就是同理心。一旦拥有了同理心，无论与人相处还是对待工作和生活，都会收到不一样的效果。毫不夸张地说，那些成为赢家的女性，往往都具备这项能力。

如果不具备同理心，往往会想要改变他人。因为没有交换立场，就不可能理解对方，一旦不理解对方，无论是对孩子还是对配偶再或者是对待同事，都会有一种先入为主的观念，认为"这个错不是我的"，于是就会习惯性地将错归在别人头上，紧接着就会试图改变别人，以期让别人来适应自己。

改变别人往往会得到三种结果。

第一种：对方属于不被改变的强势派。如果遇到这样的人，他们是拒绝改变的，就会变成硬碰硬的状态，最后伤人伤己。比如家庭中，妻子如果总想改变丈夫，丈夫又拒绝改变，往往两败俱伤，婚姻亮起红灯；如果孩子正处于叛逆期，妈妈想要去控制和改变孩子，结果很可能是孩子不服软，最后自己还气个半死。

第二种：对方表面上被迫改变，内心却受了伤。这种现象就是女性很强势，在家里说一不二，丈夫表面服从内在抗拒，孩子迫于妈妈的强势勉强改变，实际内在十分压抑痛苦，甚至心理会出现问题。还有一种表现是女性做领导很强势，非要逼得下属改变，员工为了拿薪水可能会选择忍气吞声，但内心不会心甘情愿地尊重和服从领导。如果逼迫得太紧，还会造成员工离职。

第三种：双方都很强硬，谁也不肯妥协。这种现象在很多夫妻关系中都有体现，一方总想改变另一方，而另一方会极力反抗，整天争吵，甚至会发展到婚姻破裂。

这三种结果都是我们不想看到的，所以，正确运用同理心才能收到比较好的结果。因为每个人都渴望被别人理解和接纳，当我们越来越能接纳别人的时候，就能让对方放下戒备，敞开心扉。如果两个人都能敞开心扉，还有什么不能解决的矛盾呢？那么，如何让我们拥有同理心，并在生活中去实践呢？

首先，不要把自己看得太重要。如果一个人把自己看得太重要，就会形成心理假象，认为全世界都得围着自己转。当别人提出不同的意见或不按自己的心意去做时，就会产生想去控制和改变对方的冲动。

其次，不要对别人进行评判。在面对不同的人和事物的时候，能够有意识地进入别人的世界去感受和思考，这样才能更加客观地看到事物的本质。一旦产生评判别人的心理，你就有了高高在上的状态，而这种状态本身就会给人不舒服的压抑感。如果我们能把评价和客观事实区分开来，将会收获另外一个清新美好的世界。我们永远要记住：让我们情绪变糟的，关键不在于某个人的行为，而在于我们如何解读他（她）的行为。

最后，感受别人的感受。很多不被同理的人会说"你没有经过我的痛，你怎么能感受到我的苦"，所以真正的感同身受才是同理心。我们要理解别人的感受，当别人说"我很烦"的时候，就安静地走开，当别人想倾诉的时候，就给对方一个耳朵，用自己的语言或者肢体语言与表情呈现给对方自己的善意，就好像扮演对方的一面镜子。

同理心不仅仅是彼此精神的支持，更是女人必须掌握的一门艺术。因为拥有了同理心，在未来的每一天中，我们都可以自我加工自己的言行，使自己的弱点由软肋变为盔甲。

好性格是女人成功的基础

在心理学上有一个人们公认的现象，那就是性格决定命运。一个好性格的人往往脾气平和，待人接物也让人觉得舒服。一个不轻易动怒的女人最美丽。一个生气的女人咬牙切齿穷凶极恶，嘴里骂骂咧咧不停抱怨和指责，恨不得把别人剥一层皮才解恨，这样的眼神和嘴脸，只能是狰狞而没有美感。

另外，好性格会表现在待人接物的方方面面。比如，好性格的人很少会大发脾气和乱发脾气，也很少会表现得歇斯底里；好性格的人能够与人进行平等的交流和沟通；好性格的人能够运用同理心理解他人的言行；好性格的人能够很好地控制自己的情绪；好性格的人善于洞察他人的情绪；好性格的人能够较为理性和冷静地处理问题；好性格的人很少喋喋不休怨天尤人……正是由于这么多好的表现，好性格的人才会在做人和做事方面顺应自然、社会和人性，从而表现得更加"合群"，更加能够与别人合作，这样就会为自己争取到更多成功的机会。

做心理咨询师这么多年，我接触过不少案例，那些有心理问题的、生活过得不如意的、夫妻感情不和的、亲子关系不好相处的人，根源往往来自情绪和性格。有问题的人往往都有有问题的性格，比如多疑、猜忌、暴躁、自卑……这些问题性格没有一个与"好性格"沾上边。所以，不好的性格是处于负能量级别的。

在心理学上有一个关于能量层级的对照表，分别是负能量级和正能量级。负能量级中从低到高依次是：羞愧（严重摧残身心健康）、内疚（导致身心疾病）、冷淡（世界看起来没有希望）、悲伤（对过去充满懊悔、自责和悲悯）、恐惧（妨害个性成长）、欲望（上瘾，贪婪）、愤怒（导致憎恨侵蚀心灵）、骄傲（自我膨胀抵制成长）。

正能量级中从低到高依次是：勇气（有能力把握机会）、淡定（灵活和有安全感）、主动（全然敞开，成长迅速、真诚友善）、宽容（成为自己命运的主宰）、明智（科学、医学、概念、创造者）、爱（聚焦生活的美好，获得真正的幸福）、喜悦（耐性、慈悲、平静、持久的乐观）、平和（内外分别消失，进入通灵和永恒的状态）、开悟（人类意识进化的顶峰，合一无我）。

通过以上负能量级和正能量级我们可以看出，衡量一个人性格的好坏，就在于能量层级是处于正能量还是负能量状态。真正的好性格所带来的能量都处于正能量的层级里。

所以，如果总结好性格的表现，大体上可以认为，温和有礼、简单直率、心胸宽广等。

温和有礼的人一般对人说话客气，容易让人接受观点，别人对她（他）的好感度上升也快，无论是交朋友还是做同事，这样的人更容易赢得别人的信赖与好感。反之，如果说话咄咄逼人，得理不让人，人们会敬而远之，因为社会压力很大，没有人有义务迁就你的坏脾气与坏情绪。如果你一点就着，别人只会因为感觉太累而远离你。

简单直率也被视为没有心机或者不屑与人钩心斗角，活得光明磊落，这样性格的人就像一股清风，给人以如沐春风的体验，说话办事不用猜心思，有话直说不藏着掖着，不玩小花招。因为简单直率，给人一种可靠感觉，容易赢得朋友。

心胸宽广是非常好的品质，这样的人要么有格局，要么有智慧，体现在外才能不与别人斤斤计较，有着高智慧、高情商和高能力，有着丰富的人生阅历。因为每个人生活都不易，都要兼顾工作、家庭与人际关系，所以每个人都渴望得到别人的包容与理解，如果心胸宽广，就能表现出更理解别人，接纳与自己不同的人和事物，从而活得更加通透与理智。

那么，如何修炼好性格呢？从三个方面进行：首先要尊重自己；其次要尊重他人；最后要尊重环境。

尊重自己就是要给自己清晰的人生定位，知道自己喜欢什么、想干什么，倾听自己内心的声音。只有找到自己想做的事并全力以赴的时候，心情才不会那么糟糕，才不会患得患失，表现出负能量的一面。尊重他人就是要有他人意识。这是我们做人最起码的要求，是一种境界，是一种美德。孟子云：爱人者，人恒爱之；敬人者，人恒敬之。如果我们能够做到与他人相互尊重，社会肯定能得以更和谐地发展。尊重他人，也是一种个人气度、修养的表现。尊重他人，是让我们做人做事要学会站在他人的角度思考问题，不要光顾着自己的那一亩三分地。尊重环境就是要有集体意识。环境可分为自然环境和社会环境，不管是哪个环境，我们都要学会尊重它。生于天地间，就要尊重这个大环境的生存规则，不能任我妄为，随心所欲，没有规矩。

培养影响他人情绪的能力

我们每个人都生活在各种关系中，与同事的关系，与朋友的关系，与家人的关系，与爱人和孩子的亲密关系。在这些关系相处中，我们能够感知情绪，也能触发情绪。如果关系相处得好，就能把不好的情绪转化为好的情绪。反之，如果处不好关系，就会引发不良情绪。如何能够拥有好的人际关系呢？靠的是给予对方情绪价值。

什么是情绪价值？简单来说，情绪价值就是一个人影响他人情绪的能力。一个人越能给其他人带来舒服、愉悦和稳定的情绪，她（他）的情绪价值就越高；一个人总让其他人产生别扭、生气和难堪的情绪，她（他）的情绪价值就越低。

如果你是我的朋友，每一次你和我交谈，我都能让你对自己更满意一点，对未来的生活更乐观一点，在压力巨大的生活中更快乐一点，这便是情绪价值。

比如，丈夫喜欢球赛，坐在沙发里看直播，这个时候有一个他喜欢的球员进球了，他会因为开心同妻子分享说："帅吧，这个球员多棒。"如果妻子能照顾到丈夫的情绪，知道丈夫需要的是妻子对他的认同和喜悦的分享，那么带给丈夫的情绪价值就是做出同喜的样子，说句"真棒，这支球队厉害，你的审美不错"。而如果妻子对丈夫的情绪和感受并不在乎，再或者妻子本来对丈夫看球赛不做家务心有不满，也许会不假思索脱口而出：

"别人进球跟你有什么关系?看你手舞足蹈的,赢了球的奖金跟你有半毛钱关系吗?"我相信,当妻子用让丈夫舒服的方式来回答,丈夫会因为有人与他分享了喜悦而对妻子充满爱,觉得妻子懂他的喜好,也愿意照顾他的情绪。而第二种回应方式,有可能像一盆凉水把丈夫刚刚燃起的快乐之火浇灭,使丈夫不但不会认为妻子可爱,还会觉得她有些可厌。

比如,丈夫发了奖金,回家高兴地对妻子说:"我发了两千块。"妻子说:"才两千块,至于嘚瑟成这样吗?还以为是两万块呢!"这话听着不舒服。如果妻子会说话,则会说:"哎呀,真了不起,说明我老公很能干,得奖了。"这话谁都爱听。

在我看来,给予别人情绪价值的人是真正高情商的人,所谓情商高的人,并不是故意迎合对方,而是更在意对方的感受,懂得如何让对方"觉得舒服"。

在没有系统学习心理学之前,我也有了情绪就想抱怨,对爱人发脾气,工作疲惫的时候无法调节情绪。随着慢慢学习和不断成长,我有意识地学习调节情绪,先把自己变成一个好情绪的人才能影响别人,让别人变得更好。当我变了,我的爱人表现得更容易沟通,家里的氛围也变了,爱的流动多了,矛盾少了。

据相关报道,李安未成名之前曾在家当了6年家庭煮夫。这6年里,李安每天除了大量阅读、看片、埋头写剧本外,还负责买菜、做饭、带孩子、打扫卫生。每到傍晚做完晚饭后,他就和儿子一起兴奋地等待"英勇的猎人妈妈带着猎物回家"。

这六年来,都是妻子林惠嘉挣钱养家。她是美国伊利诺大学的生物学博士。亲戚、朋友曾质问林惠嘉:"为什么李安不去打工?大部分中国留学生不都为了现实而放弃了自己的兴趣吗?"看到老婆一个人养家,李安觉得过意不去，偷偷地学电脑，希望能找一份工作养家糊口。那时，他正打算放弃电影梦想，情绪萎靡不振，妻子发现他的异常后，一字一句地对他说："安，要记得你心里的梦想！"后来，妻子又告诉他："学电脑的人那么多，又不差你李安一个！"

林惠嘉是一位非常独立和出色的女性。李安曾说："妻子对我最大的支持，就是她的独立。她不要求我必须出去工作。她给我充足的时间和空间，让我去发挥，去创作。要不是碰到我妻子，我可能没有机会追求电影生涯。"可以说，妻子林惠嘉的鼓励和支持，以及在婚姻中独立的个性，成就了李安的梦想。

其实，每个人都有能力通过给予别人情绪价值，让别人觉得自己了不起，觉得自己有价值。丈夫可以给予妻子情绪价值，妻子也可以给予丈夫情绪价值，父母可以给予孩子情绪价值。当我们学会了如何通过好好说话让别人感受到温暖、鼓励和动力，沟通就会使双方受益。这不正是每个人都要去觉知和提升的地方吗？

乐观的女人，离幸福更近

有句话说，没心没肺，活着不累；事事计较，生活无味。所谓没心没肺，就是一种乐观的处世态度。

生活中，消极悲观的人是笑不出来的，充满狐疑的人说话时难以荡漾暖融融的春意，心情抑郁的人语言中总有解不开的忧郁。只有心胸坦荡，超越了得与失的乐观之人，才能笑口常开，妙语常在。之所以幽默的女人运气都不差，是因为她们的内心永远都是豁达开朗的。一个人只有具备乐观的信念，才能对于一些不尽如人意的事泰然处之。乐观是一个人对待生活态度的反映，是对自身力量充满自信的表现。作为女人，只有对自己的前景充满希望，才能发出由衷的笑声，即使暂时处于逆境，仍能够对生活充满信心，在生活中发掘幽默，用快乐抚平生活留下的伤痕。

乐观是一种能力，也是智慧。《红楼梦》中刘姥姥连生计问题都没有着落，但她每次进大观园时，都是满脸笑容，把一张皱纹丛生的脸笑成了花。而林黛玉呢？天天过着衣食不愁的生活，却眉目紧锁，悲花愁月，哭哭啼啼。与吃喝都要发愁的刘姥姥相比，她的基本生存条件还是能得到保障的。但是，为什么她没刘姥姥过得快乐呢？因为黛玉爱计较，思虑重，常常看到自己不如意的一面，不往好的一面去想，最后导致每天情绪都处于忧郁悲伤的状态里。

在《红楼梦》里，黛玉和刘姥姥有一段与花有关的描写：周瑞家的给贾府的各位小姐送宫花，来到黛玉这里后，黛玉赌气说："我就知道，别人挑剩下的给我！"而刘姥姥呢？二进大观园的时候，她的头上被鸳鸯插满了菊花，却乐观地说："我这头不知修的什么福气。"这就是两种生活态度——刘姥姥比黛玉乐观洒脱，因此刘姥姥过得更快乐。黛玉却总是把心里的那点小疙瘩无限放大。当她得知宝玉另娶后，便哭哭啼啼，泪尽而亡。如果她的心态好，此处无芳草，别处再寻觅，也就不会让自己美丽的生命香消玉殒了。

当然，我们只是以黛玉举例，毕竟对于黛玉和宝玉之间的爱情观，不同的人有不同的看法。曹雪芹在塑造黛玉的时候有他的时代背景和个人经历，因而我们对黛玉不做过多批判，但是，我们却不能学黛玉的悲观。刘姥姥之所以乐观积极、情绪平和，不是因为她生活无忧，而恰恰是生活不如意使她更不能让自己活得悲催。女人都该如此，越是在无情的世界，越要活得乐观。就像作家阿兰在《幸福散论》里的一句话："如果人们不把一种不可战胜的乐观主义作为第一行动准则，那么最悲观的想法立即会得到证实。"

乐观，是为了让每个女性离幸福更近。乐观的人不会紧锁眉头，反而总是在笑，神情愉悦的状态能传递给周围的人，让每个看到她的人也不由得跟着快乐起来。世上有些女人似乎生来不知愁，她们勤勉工作，操持家务，生儿育女，过得很快活。她们走路轻快，说话爽朗，仿佛拥有无穷活力，每时每刻都体现出美好的样子——"眼中有光，脸上有笑"。

人一旦沮丧便会抱怨生活，抱怨爱人。女人变丑的那刻一定是从抱怨开始的，因为忘记了怎么让自己快乐起来。

乐观的情绪和心态对于一个人的健康至关重要。心理学家戴维·迈尔斯指出，乐观主义是追寻生命意义和幸福的法宝。乐观的心态能够帮助个人以更加客观的视角看待生活，并清醒理智地面对真实的人生，从而获得解脱，实现超越。乐观和我们的身体健康、生活满意度、未来发展等都有相关性，且大都是积极正面的相关性。

乐观的人能收获更好的人际关系，获得更多的支持与帮助。马云曾说喜欢和乐观的人相处，因为看不到负能量。每个人都喜欢和积极乐观的人交往，他们就像太阳，能将周围的人照亮。因此，跟悲观者相比，乐观者更容易获得深厚的友谊和爱情，尤其是在遇到危机和遭受厄运时，朋友、亲人的安慰和鼓励会给他们更多战胜困难的勇气。一个人的磁场和能量往往来自他们自身携带的光环，乐观的人本身就是一个快乐源，也是一个正能量的发散场，可以感染别人，并且给予别人更多力量。所以，乐观的人更容易赢得别人的好感和帮助。

最后，乐观的性格能够吸引"好事"。一个人遇到的事是由自己内在吸引来的。你的思想是积极向上的，你的气场就是积极向上的；你的思想是消极负面的，你的气场就是消极负面的，同时你会吸引消极负面的人和事。所以要加强你的正能量场，就要有积极正面的思想。具有赚钱意识的人经常吸引金钱，而具有贫穷意识的人总是引来贫穷。你的思想、语言和行为，将为你所意识到的事物打开通道，无论富有或贫穷，都恰如你所想的状况那样满足你。一个人在心里怎么想，他就会是什么样。你一直很害怕的事物总是向你走来，也就是说，"你所强烈意识到的事物总是会来到你这里"。

悲观者较少主动采取行动来避免不好的事，而且在事情发生后也较少采取行动来止损，因此在他们身上发生不幸事件的概率比一般人高。而乐观者更多采用"以问题为中心"的策略来调整情绪、解决问题，在积极的心态、健康的生活方式、广泛的社会支持的综合影响下，乐观者比悲观者更容易远离坏事的侵袭。

人生苦短，不过就是短短的几十年，所以要乐观一点，看开一点。每天板着脸一副苦大仇深的苦难表情，对自己，对他人，对世界，没有任何益处。这种苦大仇深的表情只会传染给更多的人，让更多的人不开心，更多的人苦大仇深。生活是需要阳光的，我们要经常到生活中去走走看看，摆脱负面情绪，绽放阳光灿烂的笑容，这才是真正美好的生活！对于乐观的人，疾病与坏事也会绕道。作为一个女性，尤其要修炼强大的乐观心态。女人是一个家庭的镇宅之宝，是孩子的榜样，快乐的妈妈本身就是最好的教育。

治愈自己的社交恐惧症

什么是社交恐惧症呢？最常见的就是说话爱脸红、对陌生人有恐惧感，更不要说上台演讲和与人侃侃而谈了。比如，举个最简单的例子。

当你看到认识的人，马上想借玩手机或目视远方假装没看见；

看到有熟人在某个地方，为了防止撞见没话说，你立刻转身换一家店；

下午有一场销售演讲，从前一天就开始焦虑并失眠；

不敢和别人进行眼神交流；

和同事相处时会感到紧张；

很难对别人的请求提出观点和异议；

在公众面前讲话感到焦虑和难为情；

在会议上发言有困难。

如果以上这些你全都有，说明你有社交恐惧症，也可以叫"自我逃避"。社交恐惧的层次分级别，有的人只是轻微焦虑，比如登台演讲在众目注视下变得紧张很正常；其次是害羞，比如非常在意自己的穿着，也非常在意别人的看法，容易羞怯。最严重的是极度羞怯，比如不敢参与社交，主动避开人多的地方，比较内向不积极，面对很多值得争取的机会却因为羞怯而失去。

一个女性如果对于社交不自信甚至恐惧，第一是无法融入人群，会被别人视为"高冷""不合群"。另外,当了妈妈的人还会把这种社交恐惧和焦虑传染给孩子。所以,身为女性肩负重任,不仅要让自己活得自信灿烂,还要给孩子做出积极自信的榜样。如果你是一个对社交充满恐惧和焦虑的人,该如何克服和治愈呢?

首先,放下顾虑。很多人都有不同程度的社交焦虑,你并不孤单。相信社交焦虑这件事是可以改变的。我没有从事女性影响力课程推广之前,也不属于那种外向型的性格,在公众面前演讲时我也会紧张。第一次登台的时候,我紧张到大脑一片空白,腿都在发抖。但是经过不断的锻炼,上台发言,自己对着镜子说话,上台之前打腹稿,暗暗告诉自己一定能做得很好,这个东西我能够做到做好等,那种紧张感就慢慢消失了,我也变得越来越自信。现在无论面对多少听众和观众,我都感觉非常自如。

其次,练习强大。虽然很多人说江山易改本性难移,但社交焦虑并不是因为内向。性格内向的人只是喜欢独处,但并不害怕与别人相处,而有的社交焦虑即使性格外向的人也会有。所以,通过练习是可以克服社交焦虑的。要放下头脑中对自己的自我批判,不要给自己贴标签,如我很糟糕、我不行、我不敢、我内向、我恐惧等,取而代之的应该天天给自己心理暗示,告诉自己我能行、我一定做得到、我不怕等。比如说,当你觉得很混乱,你说"我那天的表现糟透了,大家都会嘲笑我,我完蛋了,我以后没法见人了"。这时候,你就需要像律师辩护一样在心里对自己说:谁会笑话你?他会怎么说?这种人多吗?有几个?在什么场合?什么情况下?他会说什么样的话?当你非常认真地去找到那个"指明"的方向,把它具象化的时候,你会发现最糟糕的情况其实也没什么了不起,这就是练习。

再次,接纳自己的焦虑。每个人都有弱点,社交焦虑也是自身弱点的一个表现，真正能改变这种弱点的是接纳自身的弱点，也就是要学会自我同情，要做善解人意的自己，对自己表现出友好。经常在脑海中告诉自己：你在不断进步，这是一个学习的机会，你已经很努力了，你比上次做得好多了，相信下次你会做得更好。另外，人与人的弱点大部分是共通的，你有的弱点别人也有，甚至更多，所以即使说错一句话，别人也不会太在意，因为我们都对别人怀有善意。

最后，积极行动。越是有社交焦虑的时候越要积极行动起来去做做看，先假装自己能做到，给自己试一试的机会。另外，给自己预想一个角色，把自己换到别人的位置上，看看这个焦虑是放大了还是缩小了。我在这方面有经验。我什么时候演讲的状态好？我经常为自己做上台前的催眠：我今天要上台讲，底下会坐很多观众。我讲这个话不是为了向他们展示我多么聪明，我知道多少东西，那都不重要。你越想表现出自己的厉害和强大，越是会用力过度，反而让自己更加紧张和焦虑。但在上台之前，我想，我要跟所有女性同胞说几句贴心话，有助于共同成长的话，对她们有帮助的话，我希望能够让更多人过上幸福的生活，帮助她们更好地成长和收获。当我这么想的时候，我在台上就非常淡定，就会很柔软、很慢地讲话，让大家能够听得进去。我现在想想，这其实就是给自己一个角色——我是女性朋友的代言人。进入这个角色以后，这场演讲马上就会变得柔和，我也就减少了焦虑。

当焦虑的时候，我们往往太过担心别人对自己的看法。我们需要做到的只有一件事，与人为善，敞开心扉，表现出对别人的喜欢。当我们保持善良，保持温暖，更加愿意主动地改变自己，有终身成长的心态，克服社交焦虑这件事情就将成为我们成长过程中最大的帮助之一。

第2章

成长力：成长比成功更重要

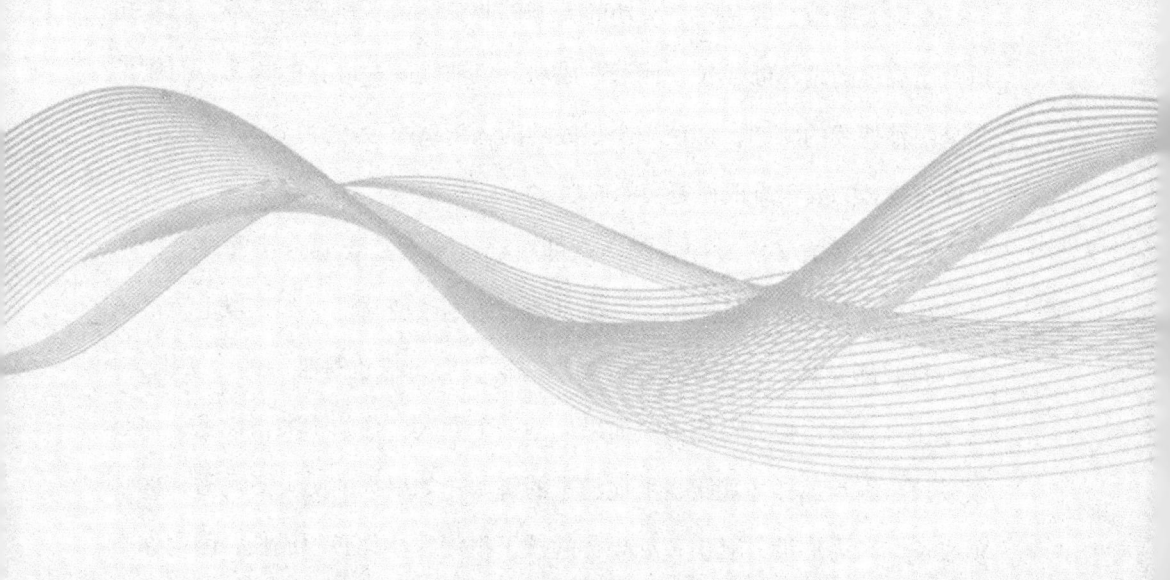

女人的成长比成功更重要

成功是一时的，而成长却是持续的。成功可能仅限于职场或事业上取得成果，而成长却可以贯穿女人的一生，既可以是家庭的成功，也可以是教育孩子的成功，还可能是职场上的成功。

女人最好的状态是不断成长，提升自己的能力，增加自己的智慧。我觉得对于女人而言，成长比成功更重要。一个女人最好的状态是独立，不依赖、不奢求、不争不抢、不攀比。我非常喜欢这样一段话：自由、从容、淡定、优雅都源自独立，独立会让我们不依附别人，不恐惧未来，独立是我们永远受用不完的底气。

在别人眼中，我是一个成功的人，创业开公司，比赛当冠军。但我知道自己更多的是不断成长，而远非成功。成功是一种静止的状态，而成长却是一种持续的状态，即使一个很成功的人依然不会放弃成长，反之，一个停止成长的人很难取得更大的成功。

人一辈子有4次改变自己命运的机会：一次是含着金钥匙出生，一次是读个好学校找份好工作，一次是通过婚姻改变自己。如果以上三次机会，我们都没有了，那我们还有最后一次机会，这也是唯一的一次机会，就是让自己变得强大有能力。如果你是一个女人，你的丈夫很优秀，你必须成长，因为那样才能跟得上他前进的脚步；如果你的丈夫不优秀，你必须成长，因为你没有靠山；如果你的孩子很优秀，你必须成长，因为你不能成为他的绊脚石；如果你的孩子不优秀，你也必须要成长，因为你要引领他的思想。女人的成长比成功更重要，甚至会影响到整个家庭的命运。

当一个女人拥有了成长思维，她的注意力就会放在自己身上，而不是天天放在老公和孩子身上。一个坚持成长的女性是拥有自我的女性，会有自己的兴趣和圈子，会有自己的目标和方向。如果你没有自我，也没有兴趣，你一定是把注意力放在老公身上，想到他去爱别的女人就完全受不了。如果你有兴趣，有自己的事做，那你就拥有了成长的思维。成长不一定非得干出多么轰轰烈烈的大事，也可能是读书读到觉得太开心了，或者去跳舞跳到很开心，完全展露自己，这些都属于自我的兴趣与成长。当我们在某一个层面上真的找到了自己的表达，在这个世界上也能够占有一席之地，我们就能站得平稳，就不会依附在任何男人身上。我看到很多女人在婚姻里呈现出怨妇的状态，其实是因为她们的注意力放错了地方。所以，女人的成长核心就是要把责任放在自己身上。

成长的人，也是内心强大、睿智和勤奋的人，她们往往会得到社会的尊重与青睐。修炼增加智慧，智慧赢得财富，财富保证经济独立。婚前，经济独立能使你获得一份有质量的爱情；婚后，经济独立能令你获得平等地位和丈夫的爱与尊重，以及长长久久的婚姻。

有两个女生是好闺密，从大学同窗到结婚互相当伴娘，她们亲密无间。但嫁人以后却出现明显的不同，第一个女孩嫁给了大学同学，在一家小公司当普通职员，收入仅够维持生活。但女孩从大学毕业以后就开始在经营网店，从卖化妆品到卖服装最后卖母婴产品，由于努力，她的母婴产品店开了好多家连锁店，做得风生水起。后来，她努力送丈夫出国深造两年，丈夫回国之后主要做乐器方面的工作，也做得特别好。第二个女孩嫁给了富二代，家资颇丰。她从结婚以后就怀孕生子，当了全职妈妈，从不上班。后来，她每天的生活除了逛街就是约朋友出去玩儿。因为家里有保姆，她很少参与带孩子的事情。时间一长，丈夫心生不满，对她不像刚结婚的时候那么疼爱，与她的距离越拉越远。直到有一天，丈夫在外面有了人，她哭着找到闺密求帮忙。

每个人都有自己的人生，谁都能看到开头，却无法猜到结果。成长的人结局是美好的，不成长的人会被日益发展的社会远远甩在后头。

有这样一段描述女人的话：女人的美是流动的、易变的，长得漂亮是优势，活得漂亮才是本事。再美的容貌也如天空中那颗转瞬即逝的流星，刹那绚烂却无法留住长久。

一个真正有魅力的女性，除了拥有外表的美，还要葆有一颗永不言败的上进心，提升自己的内在气质，提升自己的学习能力，提升自己的赚钱能力，这样才有资本去过"又美又努力"的人生。

学习能力才是女性的核心竞争力

我们都熟悉一句励志语："时代抛弃你的时候，连招呼都不会打。"的确，现在是快节奏的时代，信息爆炸，各路能人各显神通。信息与技术的更替非常迅速，如果不能拥有持续的学习力，就会被时代抛弃。很多女性开始走向职场，开始担负起教育的重任，还要开创自己的事业等，更是要坚持学习，不断完善自己，才能让生活和工作有质量，也才能扮演好各种角色。不夸张地说，学习力才是女人最好的靠山。

有位男士曾感慨地说："时代变了，现在的女孩子越来越不容小视了，她们有了事业心，还会发表自己的社会观点，甚至也不把感情看得太重了。"这样的说法很对，因为这一切都源于女人提升了生存能力和自主意识，拓宽了眼界，在生活中有了更多的话语权，也不再把"嫁汉嫁汉穿衣吃饭"当成终极目标和归宿。要想实现事业的成功，使自己的观点被重视，情感上独立不依附，就需要具有学习能力。

我带领着不少女性同学去学习，自身也在不断学习，发现这个时代需要好口才，于是我学习演讲；发现这个时代不懂互联网就等于新文盲，于是我学习线上营销；发现当妈妈想要教育好孩子需要提升养育能力，于是我学习亲子教育；发现当一个好妻子需要提升自我的认识能力，于是我学习婚姻家庭关系学、心理学等。

学习力是这个时代最大的竞争力，不学习就会如同逆水行舟，不进则退。不管前几十年我们做了什么，只要我们决定此时此刻开始改变，我们就能够重生，就能够成为最好的自己。我们是谁不重要，重要的是我们愿意和谁在一起；我们曾经怎样不重要，重要的是通过学习，我们将要成为什么样的人。

节目主持人谢娜到意大利留学，拿到意大利多莫斯设计学院的全额奖学金。很多人赞叹：本来已经是名主持了，还这么爱学习。谢娜是大大咧咧、综艺感十足的女主持人，是快乐大本营永远的太阳女神。她曾是一个不会穿搭的女艺人，夸张的搭配简直辣眼睛；她曾创立了个人服装潮流品牌，却被吐槽亵渎了时尚；她曾被吐槽不配做主持人，被嫌弃俗气的表演拉低了节目的档次。如今坐拥微博9000万粉丝的她慢慢把这些标签统统摘掉，拿到全额奖学金继续深造的她表示比学位更重要的是转型。当大家还认为谢娜衣品不对，她已经通过学习变成了一个时尚的美女子，在节目里美出了新高度。当大家吐槽谢娜与张杰结婚而不要孩子的时候,她毅然决然地踏上留学之路,向着自己的方向奔跑,最终实现了自己的理想,成为时尚女装的引领者。收获了甜蜜的爱情,拥有了成功的事业,谢娜从不忘通过学习实现梦想。

由此可见,学习能力才是女人必须置顶的最重要能力。社会赋予了女性太多的角色,还要求她们要扮演好自己的角色,甚至是成功的角色,这往往忽视了女性的理想,忽略了女性自我价值的实现。当形形色色的角色阻碍了女性个人理想和自我价值的实现时,女性未免会感到失落,而失落、焦虑和迷茫,也让女性看到了前进的动力,更深知在这个时代里唯有拥有持续的学习力,才能拥有核心竞争力。

中国著名舞蹈演员"芭蕾女皇"谭元元,18岁时成为美国三大芭蕾舞团之一旧金山芭蕾舞团最年轻的独舞演员,进团才2年,就成了首席舞蹈演员。正常情况下,芭蕾舞演员需要奋斗12~16年才能成为首席舞蹈演员。一夜的替补,成就了谭元元。刚进舞团的谭元元只是一个普通的舞蹈演员,但是有一次演出活动,两个首席演员受伤了,她们第二天都不能上台表演。后来,团长找到谭元元,递给她一盒录像带,问她能不能一夜之内学好这支高难度的舞蹈,第二天准时参加演出。谭元元不管三七二十一,一夜之间学会了那支高难度舞蹈,因为把握了这次机会,她成为芭蕾舞蹈团的奇迹,也为自己争取到了无数机会。2年之内,她成为全世界屈指可数的首席舞蹈演员。无论哪一个行业,哪一个领域,都需要强大的学习能力,要不然不但没有晋升机会,还有可能被淘汰。

我们想要活出自己的底气,不害怕随着年龄渐长带来的价值减损,除了不断学习之外,没有其他捷径。只有坚持终生学习,才能让女人永葆魅力。一个内心丰富的人必将呈现出知性的光辉，所以女性的充电行为除了实用以外，也能够提升女性的个人魅力。古代社会要求"女子无才便是德"，现代社会不再倡导这个要求。在这个知识爆炸的时代，如果你还想秉持着古代美女的评价标准，停留在原地放弃学习，就注定要被社会淘汰。作为女人，如果你想要永葆青春魅力，就需要保持学习的习惯，要知道现在家庭理财、子女教育、工作等方面，没有一处是不需要知识的。比如，成功的理财不仅仅要保持家庭的收支平衡，懂得合理安排家庭生活开支，更要尽可能地使家庭收入最大化，使家庭收入得到合理分配，从而最大限度地满足家庭生活所需。在此基础上，要做到让钱生钱、少花钱多办事，如果没有足够的理财知识，就很有可能屡屡碰壁。再如，世界上任何的职业都需要执业资格，而为人父母却没有这样的要求，事实上当父母是最需要执业资格的职业。现在很多家庭都只有一个孩子，再加上越来越激烈的竞争，那种添个孩子不过是添双筷子的养育模式已经成为过去，女人们只有坚持学习才能成为合格的母亲，培养出思维活跃、聪明伶俐、健康可爱的孩子。尤其是那些职业女性，更需要不断充电，掌握足够的、最新的职业技能，否则很有可能在职场竞争中败下阵来。

女性的学习能力除了实用以外，也能够提升个人魅力，事实证明这是女人最好的升值保证。那些睿智的女人不仅在职场中比美丽的花瓶更受欢迎，在家庭当中也比一无所知的传统家庭主妇具有更持久的吸引力。

做个专注力强的女生

对于专注力,有句话是这样讲的:"专注力已经成为这个时代非常稀缺的心理资源之一。缺乏专注力的人往往精力涣散,很难取得成功,而成功的精英都是具备专注力的人。"这种说法并不是危言耸听,在当今这个喧嚣浮华的社会里,专注力减弱的问题日益严重和凸显,再加上电子产品的泛滥、信息的轰炸,各种小视频不知不觉霸占了人们的注意力,导致人们做事效率低下,出现了拖延的症状。

一个人在完全专注下会势不可当,甚至可以在一天中完成多数人一周都无法完成的事,前提是必须学会如何长时间聚焦于一件事。缺少了专注力,人们便无法在工作和学习中进入专心致志、浑然忘我的状态,更加体验不到其中的乐趣和充实感。专注力的缺失还会让人们变得十分浮躁,做事急于求成,"三分钟热度",不能专注于一个目标;遇到一点点挫折就轻言放弃,以致让自己距离成功越来越远。

在日本有一个神话级的人物小野二郎,被称为"寿司之神"。小野二郎之所以获得成功,就是因为专注力非常强大,他对做寿司这件事专注了一辈子。他9岁时就离开家庭自谋生路,年幼的他从学徒做起,专注于制作世界上最好吃的寿司,并且坚持一辈子只做这一件事,最终做到了极致,连续两年荣获美食圣经《米其林指南》三颗星的最高评价,所做的寿司更被誉为"值得一辈子排队的美味"。像小野二郎这样的人才是值得学习的榜样，专注力让他变得与众不同，能够从人群中脱颖而出，获得了社会的承认，拥有了人们无法获得的一切。

如果我们每个人都能专注于自己喜欢的事，努力去把这件事做到极致，就一定会在所在的领域做出成绩。

专注力的益处非常多，但专注力很稀缺，不是所有的人都能拥有的。正是因为专注力的稀缺，拥有成长力的女性才更需要拥有这种能力。我们有必要在重要的事情上投入专注力，必须清楚地了解自己最想要的是什么，然后才会明白对自己最重要的事情是什么。最后，你才能够将稀缺的专注力投到那些对你来说最重要的事情上。在做好了那几件事情之后，你将获得最大的回报，而那几件重要事情的成功，也会给你人生带来全面的提升。在专注的状态中把一件事情做到极致，胜过你把一万件事做得平庸。

我经常对学员们讲，如果你的精力是一百，那么就要把八十放在自己喜欢的事情上，那样才能做出成绩。对任何喜欢的事情都不能只抱着浅尝辄止的态度，而是要钻进去深入了解，专注地去学习，才能打通这个领域。

我有一个朋友是做插花培训的。大学毕业后，她开了一个花坊，售卖鲜花花篮，顺带给各个领域有需要的人做插花培训。为了把插花技术学精，她平时坚持研究与插花有关的知识，还远赴国外专门学习插花技术，并且进修了美学课程、陈列课程等与花艺相关的课程。从二十几岁的妙龄少女一直干到了中年，她培训了无数的学员。用她的话说，这一生就爱摆弄花花草草，所以对于其他的事就会放一放，而把所有的精力都投入在这件事上。正是这样的专注力，让她不仅收获了自己的事业，还获得了身心的平和与宁静。做自己喜欢的事顺带赚钱，她真正实现了双赢。

我们处在一个快时代中，凡事都要讲效率，无论是生活还是工作与学习，专注力都可以帮助我们达到效率提升的目的。如果做事的过程中缺乏专注力，做事的成效就会大打折扣。科学研究发现，强大的专注力能带来诸多好处，可以帮助人们有效管理生活，从而让人的心境变得平和，对生活充满热情。

比如，当我们面对某些事情造成的压力时，如果能在处理时注入专注力，就能将压力逐渐减弱。当专心投入时，从中获得的乐趣就将持续增加。当然，拥有专注力的人往往是拥有意志力的人，意志力与专注力相辅相成，增强其中之一必然带动另一方的增长。在生活中要经常性地锻炼自己的专注力，比如要摆脱干扰自己专注力的因素。我们所使用的一些电子设备，都会给专注力带来困扰，如果我们总是不间断地受刺激，就永远得不到真正的休息，所以每天给自己一段没有手机的独处时间，确保身体和精神都得到了充电，才能保持专注力。再比如，在工作中发挥专注力，把精力更加专注地投入在工作时间内，而不是分散在一天之内的所有时间去三心二意地完成工作，会大大提高工作效率。

拥有了专注力，无形中就会拥有超过普通人很多倍的时间，因为不会把多余的时间浪费在散漫的事情上。久而久之，就会拥有高效做事，精准完成目标的能力。

看似柔弱的女子要学会反脆弱

我们都知道瓷器很脆弱，无论多名贵，只要碰倒或摔下来就会成为碎片而失去价值，所以它们只能被摆放在安静有序的环境中才能安然无恙。

平时邮寄玻璃制品、手机或电脑给远方的朋友时，我们会在外包装上写上"易碎品"和"小心轻放"的字样；而邮寄一块石头，无须写什么字。有没有一种物品，它能从波动性中和不确定性中获得利益，当长期暴露在波动性、随机性、混乱和压力、风险和不确定性下时，它们反而能茁壮地成长和壮大呢？这种特性就可以称为反脆弱性。

生活中，我们会遭遇很多不确定的风险，会遇到挫折和打击，会经历失败或者亲人的离去等。如果陷在这样的不确定风险中无法自拔或不能释怀，那么就是一种脆弱的无法自我救赎的表现。如果从不确定性中学得经验教训，并从中习得一种更加坚定的能力，就拥有了反脆弱的能力。

很多来"好女孩大学"学习的女性本身已经很成功了，她们有的是企业高管，有的是自主创业者，有的是高级讲师，但她们还是来学习演讲，学习修炼气质。她们希望自己有更多的资本与生活讨价还价，也拥有对生活的更多选择。

人与人的最大差别在风平浪静的时候并不明显，但是在遭遇"意外"和不确定性的时候，一个人的内心是脆弱还是坚强，能力是平庸还是突出，就能分辨得很清楚。在面对风险和不确定性的时候，人们的表现往往不尽相同。第一种表现是害怕波动和不确定，他们喜欢稳定、熟悉的环境，不敢轻易尝试风险；第二种表现是既不害怕也不欢迎这种不确定性，他们认为波动和不确定性没有对自己的生活产生任何影响。第三种表现是欢迎波动和不确定性，他们认为自己能在波动和不确定性中变得更好。这三种表现中，第一种最脆弱。因为他们害怕的东西正是这个世界的真实常态——经常出现的波动和不确定性；而他们喜欢的东西却永远都是水中月、镜中花——因为平静稳定的外部环境不是由他们说了算的。

生活最大的稳定来自你的反脆弱能力。如果一个人总是追求安稳，规避风险，禁不起一点变化，扛不住一点挫折，这样的人就是脆弱的。面对无力改变的外界变化，还有另外一类人。他们拥有强大的反脆弱能力，不仅能承受住打击，还可以从磨难中获得成长。

真正的反脆弱能力就是从冲击中受益。反脆弱性超越了复原力或强韧性。复原力能让事物抵抗冲击，保持原状；反脆弱性则让事物变得更好。几乎所有的事物都可以分为三类：脆弱类、强韧类和反脆弱类。脆弱的事物喜欢平静的环境，反脆弱的事物在混乱中成长，强韧的事物并不太在意环境。简单来说，变化或不确定性会摧毁脆弱类事物，却会使反脆弱类获益，但不会对强韧类产生影响。

生活中，我们经常被剥夺反脆弱性，我们的健康、教育，甚至所有的东西都或多或少剥夺我们的反脆弱性。比如，窝在沙发里一个月，看无聊的小说或追剧会导致肌肉萎缩，过度保护子女的父母会让孩子变得畏手畏脚，失去个人生存的能力，过分追求安定的工作会导致没有面对失业风险的勇气等。我们必须学会应对脆弱，还要努力做到不被剥夺反脆弱的能力。

能够在受到挫折或打击的情况下获益和成长，就是反脆弱能力。我们之所以要学会反脆弱性，是因为一旦不具备反脆弱性，就会像一个被安排好行程的旅游者，或者有了固定剧本的演员，习惯了既定的程序，不太能够接受随机性和混乱。事实上，随机性是真实生活中不可或缺的一部分。

我们都看过"火鸡的故事"。有一只愚蠢的火鸡每天享受着农场主提供的食物，安稳度日，并且以为这种好日子没有尽头。直到有一天，农场主像往常一样走来，却出乎意料地抓走了火鸡，要把它杀掉，因为感恩节到了。其实，很多人正在人生中扮演这样的"火鸡"，他们只知道追求"平稳"，却看不到隐藏在背后的危险，到最后只能追悔莫及。

喜欢波动性的人在生活中会有更多机遇，比如我们可以开创自己的第二或第三职业，多学几样技能，在持续的压力下保持竞争力与适应力。

可以说，波动性的人一直处在挑战之中，能降低风险，处理好风险。因为适应了波动性的人，具备了更强的反脆弱能力。

放眼看我们周边，如果四五十岁的人下岗了或失业了，是不是有一种天塌下来的感觉？因为在稳定的企业里待久了，人就变得脆弱了。而出租车司机总是面对波动和不确定性，反而在七十岁时依然能够开出租车，具有很强的反脆弱能力。

女性更要具有这种能力，让自己有更多向生活讨价还价的可能性，而不至于被动地等待生活的安排。

学会时间管理，做效能女性

我们都听过一个观点：时间花在哪里，成绩就会在哪里，只有知道如何管理好时间，才能知道如何更容易地取得成绩。在我看来，那些高效能人士之所以成功，是因为他们都是自我管理的高手。尤其是在时间管理方面，他们会比普通人胜出一筹。

每天，都需要把自己变成"超人"，打理自己的公司，给学员上课，出差，当好两个孩子的妈妈，关注他们的生活和学习。很多人好奇我是如何平衡时间的。其实，我是通过不断学习提升时间管理能力的。我总是把重要且紧急的事往前排，当日事当日毕，从不拖拉。

使人与人拉开距离的往往不是情商和智商，也不是客观时间，一个人真正的成功是在有限的生命时间里创造最大的价值。从这个意义上来看，时间才是衡量人生价值的根本因素。美国思想家本杰明·富兰克林说过"时间就是钱。一个人每天能挣10先令，却玩了半天，或者躺在床上消磨了半天时间，以为自己仅仅花了6个便士而已，不对，他还失掉了本可以赚到的5个先令"。所以，如果不好好规划和利用时间，不仅无法成功，还会失掉原本取得的成绩。

谈到"时间"，很多人的第一想法是时间永远不够用，即使做无聊的事，他们也希望时间能长一点，再长一点。时间都去哪儿了呢？接下来，我分享三条症状。如果你发现自己符合大部分症状，那就说明你在时间管理方面做得还不够好。

第一，每天下班后回到家觉得奇累无比，但回想刚刚过去的一天，觉得自己实际上并没有做什么有意义的事，甚至没完成有些该完成的事情。

第二，做一件事的时候，你经常给自己找理由推迟行动的时间。比如要完成一份报告，你却突然想吃点东西，刷会儿微博，上一趟厕所等，总之就是不去做该做的事情。

第三，你很善于做计划，并且乐此不疲，每次写计划就有一种自己即将完成的快感，但实际却是计划仅仅是计划，到头来你什么都没做，感到懊悔内疚，然后再次像打鸡血似的列计划，开始新一轮的循环。

其实这样的例子很多，很多人都有这样的问题，没有分配好工作与娱乐的时间，没有在规定时间内完成任务，以至于让时间白白流逝，却总觉得时间不够用。之所以出现这样的状况，不是时间真的不够用，而是你不会管理和规划时间。很多女性朋友在生了孩子之后都变得很忙，曾经的梦想也会因为没时间而无限顺延。

那么，有什么办法可以让我们做好时间管理呢？效率大师艾维利提出了6点工作制的方法。简单来说，就是将自己所需要做的事情按照各自的重要程度进行排序，用1~6来标记最重要最紧急的事，以此类推，把所有的事情都标记好，之后竭尽全力去完成被你标记为1的事。等到这类事完成之后，再进行下一件事的准备与推进工作。事情要一件件地去做，千万不要这里做一点那里做一点，最后只能是什么事都做不成。另外，还需要注意两点：第一，我们可以给自己设立一个不被任何事务打扰的时间，这段时间的长短可以具体根据自己的情况而定。在这个时间内，我们不受打扰，全心投入，这样一来效率一定不会低。第二，光是写下待办事项还不够，大多数人都会做计划，可按照预定计划完成的人寥寥无几。这是因为大多数人都缺乏对自己行为的监督。我们可以给自己设定奖惩机制，从外部行为上督促自己，也可以抽出时间回顾及清理自己的待办事项，从完成1/3~1/2到基本完成，被清理掉的部分给你带来的成就感就是推动你继续完成的动力。还有一个时间管理工具叫作"四象限法"，是美国管理学家科维提出的时间管理理论，即把工作按照重要和紧急两个不同的维度进行划分，分为四个"象限"。

第一象限：既重要又紧急的事；

第二象限：重要但不紧急的事；

第三象限：不重要但紧急的事；

第四象限：既不重要也不紧急的事。

管理学家发现，普通人和高效能人士最大的差别在第二象限（重要但不紧急的事）和第三象限（不重要但紧急的事）。

高效人士在重要但不紧急的事情上花费了大部分时间，普通人在不重要但紧急的事情上花费了大部分时间。

第二象限——重要但不紧急的事情是最容易被人搁置的，这些事恰恰对事业和生活影响巨大。这些事包括人生规划、学习知识和技能、改善健康、陪伴家人和朋友、享受生活。你一旦忽略第二象限，它们就会跑到第一象限里变成重要又紧急的事情。比如你不注意饮食和休息，身体垮掉了，就会影响事业和生活品质，以及其他所有事情。

我们需要做的是：减少不重要但紧急的事情，把尽可能多的时间用于完成重要但不紧急的事情上。

时间对于每个人来说都是公平的，每个人每天都有24小时。不会时间管理的人在不重要也不紧急的事上浪费了大量时间，等到真正来处理重要又紧急的事情时，就会显得时间不够。当我们学会了时间管理，就会在有限的24小时之内拥有做出更多成绩的无限可能。

给自己积极的心理暗示

心理暗示，是人类最简单、最典型的一种心理机制。我们无时无刻不在接受各种各样的心理暗示。除了环境和他人给予我们的暗示外，我们也可以对自己进行心理暗示。

什么是心理暗示呢？举个例子，如果晚上你一个人在家，听到楼道里传来怪叫声，你的第一反应是小孩子在玩耍发出的淘气声，于是你会放下心来告诉自己"没事，继续睡吧"。如果你是一个警惕性很高的人，就会在心里想：是不是楼道里有坏人？是不是被打劫了？有人才发出这么怪异的声音呢？明天楼道里会不会有人被害？这样消极的心理暗示会让你越来越慌,蒙着被子都不敢睡觉,并且脑补各种各样的恐怖画面,让自己久久不能打消内在的那种惊恐感。再举一个例子,如果有一项工作要完成,你接手的时候心里想"这个工作肯定超难干",于是你就会把自己的信心打消了一半;反过来,如果你心里想"我一定要挑战",那么对于这份工作,你就会表现出极大的热情和积极的行动力,最后真的超预期完成了工作。

从这两个例子我们可以看出来,心理暗示对一个人来说是相当重要的,它既可以成为我们成功路上的助推力,也可以成为我们人生路上的绊脚石。具体是什么,全在于心理暗示是积极的还是消极的。

对于心理暗示,外国做过一个实验。实验的人员分成甲乙两组,实验的地点是一座废弃的监狱,志愿者们参与实验是为了探究世界上到底有没有鬼的问题。在实验开始之前,实验组织者对甲组志愿者讲述了这座监狱曾经闹鬼的传言,而对乙组则只字未提。随后,两组人员就近去观察了,之后在规定时间内两组同时返回。在谈及实验发现的时候,甲组的人总觉得在自己看不见的地方有影子飘过,而乙组则觉得没什么奇怪的地方。

从这个实验中,我们可以看出心理暗示发挥的作用,一组带着心理暗示观察四周,就会产生一种这说不定就是真的想法,进而变得疑神疑鬼,而另一组没有被暗示过,就会心无旁骛地探究监狱内部,可见心理暗示对人的影响有多重要。

知道了心理暗示的重要性之后,我们就要有意识地对自己和他人进行积极的心理暗示。比如,每天早晨对着镜子说"今天我很开心""我感觉自己越来越健康了""我变瘦了"。带着这样的心理暗示开始一天的工作和生活,我们的内心就会充满阳光,久而久之会发现自己真的很开心,真的在变得更健康。反之,如果给自己的暗示是"今天真糟糕""天气太恶劣了""今天老板肯定找我麻烦",那么接下来就会带着这样的心理暗示开始一天的工作。也许事情并没有多糟糕，但是却被我们假想得很糟糕，明明天气还可以，我们却觉得天气并不明媚美好。

心理暗示不仅仅是自我暗示，还有对别人的暗示。女性扮演着妈妈、妻子的角色，如果能给到别人积极的心理暗示，那么对别人就是一种莫大的支持与鼓励。比如，妈妈可以给予孩子积极的心理暗示，鼓励孩子"你今天在学校表现一定会很棒""你在这次考试中一定会发挥出真实的水平"。妻子也可以给丈夫积极的心理暗示，说丈夫"你特别有担当""你开车特别酷而且有安全意识，是个文明的好司机"等，这些暗示都会使丈夫拥有更积极的状态。

如果每天都对自己说一句"今天又是元气满满的一天哦"，在这样的积极暗示下，你会充满干劲，积极向上。即使经历的一天并不是十分美好，起码不会让你太过沮丧和悲观。

那么，我们应该怎样更好地利用自我暗示帮助自己呢？

首先，多用积极的语言对自己进行暗示。看待问题多一些愉悦少一些悲观，对将要做的事充满好的期待，相信自己一定能行，给自己努力和尝试的机会。这时，成功概率就会更高，同时你也会减少紧张和焦虑感。

其次，运用一些表情和动作进行自我暗示。平常在表扬或者认同他人的时候，我们会竖起大拇指，点头表示同意，那为什么我们不用这样的方式鼓励自己呢？一个简单的动作就可以帮助我们做出不一样的改变。早晨照镜子的时候，我们可以对自己微笑，来增加自信心。

最后，通过改变环境状态，进而改变自身状态，因为环境会直接影响我们的心情。很多人都有这种感觉，工作一天回到出租房或者回到家，看到屋子里乱糟糟的情况，就会觉得烦躁想发火。但如果定期整理，把它改造成一个充满生机、井然有序的小窝，我们的心情就会变得更积极，从而想要变得更好。所以，我们把自己的办公桌收拾干净，把自己的屋子打扫利落，这些都是积极的心理暗示。

我们生活在世界上，难免要面对压力和挑战，也会因为挫折使自己做出消极的自我暗示。如果不打破消极悲观的心理暗示，那么这种消极的状态就会始终缠绕着我们不放，最后造成身体、情绪和行为上的不适，妨碍我们看问题的角度，并降低我们解决问题的能力。所以，我们要培养积极的自我暗示，增强心理的防御能力，增强面对挫折与压力的勇气。

想要掌控人生，先养成好习惯

一位哲人曾说："人生不过是无数习惯的总和。"好习惯和坏习惯同样具有强大的力量，好的习惯带给人正向的影响，坏习惯带给人负面的影响。著名主持人董卿在采访里曾说，她从不带手机进卧室，睡前一定会坚持阅读至少1小时。在节目里，董卿对诗词歌赋信手拈来，可见文化素养之深厚。正是因为董卿始终让自己保持足够的阅读量和输入量，才能在《中国诗词大会》里有那么精彩的表现。

在世界上，最痛苦的事莫过于"我想不到，别人想到了"，而比这更痛苦的是"我想到了，但却没有做到"！奥斯卡·王尔德说："最初是我们造成习惯，后来是习惯造就我们。"我们都曾经信心满满立下誓言，每天一到夜晚就像打了鸡血一般励志，然而清晨醒来都被打回原样，日复一日被懒惰蚕食，一年又一年……

为什么好习惯那么难养成呢？为什么立目标总是虎头蛇尾呢？因为你

立下的目标太过宏大，所以你想实现这个目标就需要给自己动力。动力就是给自己打鸡血，比如我要每天背100个单词、一个星期瘦10斤，就像为自己画了一个饼，动力虽然有效，但却消散飞快，还没等你养成习惯，动力就消失了，这就是为什么对于那些宏伟的目标，你刚过一周就忘记了。你之所以忘记，是因为这些目标要靠意志力来达成，而人性的弱点就是缺乏意志力，很多人都是在与困难的对抗过程中败下阵来的。

很多人都有过类似的经历。某一天看到别人晒出惊人成绩，自己也深受鼓舞，热血澎湃。你忍不住在脑中把自己历尽千辛万苦，终于登上顶峰傲视群雄的美好场景播放了无数遍，恨不得马上撸起袖子动手。可现实却是，你照着计划执行了几天，就松懈了，后来干脆放弃。目标定得很高，计划表做得很完美，可是为什么就是没法取得预期的结果呢？原因很简单——不能坚持，不能坚持的原因是没有养成可以轻松坚持的习惯。

那么，养成好习惯需要六点方法来实现。

第一，养成好习惯需要从简单的、微小的、不太用力的习惯开始，然后将习惯变得水到渠成。

假设你每天要求自己做100个俯卧撑，首先你的大脑会被100个吓到，因而选择玩游戏、刷抖音等容易的事情去完成，而抗拒做100个俯卧撑这样艰难的事情。

你总是屈服于你的大脑，很容易就放弃了，可是看到别人已经拥有了八块腹肌，而你的腹肌却九九归一，成为一整块的时候，你会感到沮丧、内疚，甚至自暴自弃，这就是恶性循环。

如果将目标缩小，每天从做100个俯卧撑到做5个，3个甚至1个，就算睡前你忘记了做俯卧撑，只要转身，在被窝里完成1个，那么今天你就成功了。这样的习惯不需要意志力来参与，更像是一种游戏，大脑会很快受到奖励，这种及时奖励会让我们更愿意坚持下去，从而形成习惯。

第二，行动起来是养成习惯的基础。

我生活中最难的时候就是光看着目标却一步也没行动的时候。原本以为是目标太难，难以实现，后来发现原来迈出第一步才是最难的。立即行动是解除焦虑的最好方法。

微小的习惯就是让我们勇于跨出第一步的好方法，我们不必因担心难以完成目标而不敢开始，我们在一天天地达到或超额完成目标的过程中提高了自我效能感，增强了意志力，实现了更多的目标，进而可以看到人生更多的可能性。

第三，重视环境对习惯的影响，改变习惯之前先改变环境。环境对于养成习惯有着非常大的辅助作用。比如读书，在床头放一个书架，这样看到书很自然地就会读。还有手机的界面设置也是一样的，把界面就放个微信读书，每天起来第一时间看的就是微信读书。有时候很多好习惯、微习惯的前期养成需要借助外力，借助外部环境约束，再结合自身情况，做一个计划，这样对于养成习惯会有很大帮助。

此外，远离诱惑还有一个好处就是，在培养好习惯的过程中处于不较劲的状态，这样养成的习惯就会水到渠成。因此要想养成一个好的习惯，在为自己寻找好的环境的同时，也要远离充满诱惑的环境。营造好的环境，远比自己主观上控制自己的欲望要轻松得多，也能让习惯的养成不费力气。

第四，给自己贴个正向暗示的标签。在培养好习惯的过程中，自我感觉的社会认同也是非常重要的，即要想养成好习惯，首先要成为那样的人。这个心理过程对于好习惯的养成带来的帮助是巨大的。这其中有一个工具，就是贴标签。虽然我们不建议给别人贴标签，但是有时候标签的力量是巨大的。

第五，把习惯与自己的喜好绑定在一起。人们对自己感兴趣的事情会表现出极大的热情，所以，想要养成好习惯，首先要和自己喜好的事绑在一起。比如你想减肥，但闲下来又想窝在沙发里看电视，那么你就可以在看电视的时候进行锻炼，一边锻炼一边看电视，这样很容易就能把运动坚持下来。

第六，很多人都难以养成好习惯，所以养成习惯要从每天的一两分钟或固定的时间点开始，一步一步累积起来。你不需要在一开始的时候就把自己变得特别强大，从最初的微小习惯开始慢慢加大力度和拉长时间，良好的习惯就是这样一步一步养成的。

女人的成长离不开自律

自律有多重要呢？有人说，自律的人出众，不自律的人出局，毫不夸张地讲，自律与不自律之间，差的是整个人生。在《意志力》一书中，对于自律有过这样的描述：不管你如何定义成功，家庭美满，拥有知己，腰缠万贯，经济有保障，做自己喜欢做的事情，心灵健康，内心富足等，往往都要具备几个品质。心理学家在寻找这种品质的时候一致发现，自制力才是重中之重。自制力就是自律，女人的成长离不开自律。不论是管理自己的身材，还是操持事业和家庭，自律与否往往会带来天壤之别。

因为自律，有的人可以将体重一直控制在健康范围内，而有的人还没到中年就有了油腻的感觉；因为自律，有的人实现了自己的梦想并不断精进，持续升值，而有的人却对生活失去了话语权和选择权。自律带给我们的是内在深层的改变，带领我们往更好的方向发展，体验人生更多不一样的快乐与幸福。我相信一万小时定律，但从不相信天上掉馅饼的灵感和坐等的成就。想要成为一个自由的人，前提一定是自律的人。

每个人都有三次成长的机会，第一次是发现自己不是世界中心的时候，第二次是发现自己再怎么努力却依然对有些事无能为力的时候，第三次是明知有些事可能会无能为力，但依然尽力争取的时候。很多人都会倒在第二次爬不起来，只有自律且坚持的人才会迈向第三次成长。

记者在某位著名舞蹈家的练功室看到她正在吃午餐，问她："你这么瘦，每天吃多少食物啊？"她打开了自己的饭盒，一小片牛肉、半只苹果、一个鸡蛋，这就是她的午餐，并且还是在高强度不间断的舞蹈训练期间所食用的午餐。看到她的这点食物，我相信每个人都会感觉到自己是一头牛，在一天到晚静坐的日子里，我们还吃着一堆油腻高热的食物，并且摄入太多，没办法自控，所以身体肥胖，感觉沉重，无止境地往下堕落着。我们的身体离轻盈自由的姿态，越来越远了。记者继续问她："那你这样不饿吗？"她说："热量已经足够了，你看我还不是照样跳舞，从来没有倒在台上吗？"这就是自律，通过理智分析，把自律的意识融入自己的血液骨髓当中，成了自动的遥控器，成了心理程序，一到饭点儿她就自然而然地照着做。一旦做到这样的自律，任何人都不可能活得低级。

有一位70岁的阿姨，30多年始终坚持练瑜伽和冥想，刷新了生命的长度，医生都觉得是医学奇迹。这位阿姨从30多岁时确诊全身硬化病变开始，医生认为她最多能再活10年，她却凭着惊人的毅力坚持与病魔展开斗争，每天雷打不动地打坐冥想、练瑜伽，不但身体渐渐变得灵活柔韧，病痛也减轻了不少，新的病变也开始放缓速度。她活过了第一个10年，又活过了第二个10年，直到活过了第四个10年，成为70岁最美的瑜伽奶奶，医生都说她是靠着自己的毅力和自律打败了病魔。

小说家村上春树，数十年如一日坚持早睡早起，早上5点起床，晚上10点睡觉。清晨，用来写作和处理重要的事情。随后的时间，保证1小时运动，处理不需要高度集中的杂事。日暮时分，不再工作，用来读书，听音乐，放松精神早点睡觉。重要的是他每天只写4000字，多一字也不写。然而就是这样，也丝毫没有影响他成为收获颇多、影响力较大的作家之一。

以上这些人所表现出来的，就是自律的力量。自律不是让我们过得像苦行僧一样不敢及时行乐，而恰恰是为了过更好的生活才要自律。我曾经也觉得人一定要秉持一种轻松的生活观，想吃就吃，想喝就喝，毕竟人生苦短，及时行乐才不辜负岁月，可是年岁渐长，我渐渐意识到自己是不对的。我看过一本书，书中有这样的一句话：最主要的个人问题还是社会问题，核心都在于缺乏自我控制，不由自主地花钱借钱，冲动之下打人，学习成绩不好，工作拖拖拉拉，酗酒，吸毒，饮食不健康，缺乏锻炼，长期焦虑大发脾气。不能自我控制的人，必定会导致一系列的人生悲剧，身材变形，罹患疾病，失去朋友，被炒鱿鱼，离婚，坐牢，等等。一个饕餮的从不节制食欲的人，他一定会很肥。一个一天到晚只想着high，赶每一个酒场赴每一次约会，不错过每一个KTV和酒吧的女人，自认为风情万种，殊不知别人一提起她却满脸鄙弃。

在这个社会里，我们很容易听到美化堕落"懒惰"不自律，以便让自己心安理得的漂亮说辞，从而以放纵自己就是善待自己为借口肆意而为。对于自律的人，他们会说你做人处处谨慎小心，太窝囊了，太失败了。其实不然，无论是从学业还是职场，还是个人生活，自律都是获得成功的最重要因素。我们女性要想保持优雅的体态，绝对离不开自律。如果每个女生都做不到"迈开腿管住嘴"，怎么能实现保持身材和健康呢？我对学员说得最多的话是，坚持比努力更重要。无论做什么，能够坚持下去靠的就是强大的自律能力。

有一项心理学研究调查什么因素可以影响大学生的成绩，研究人员先是将可能有用的品质都列举出来，比如积极开朗、幽默严谨、健谈、冷静、内向、爱阅读等30多项，接着找了好几百个学生进行测试。结果证实，这些品质对于成绩好坏没有根本性影响，唯一能够影响成绩的就是自控，甚至自我控制是比智商更加重要的指标。能够管得住自己，该读书的时候就读书，该听课的时候就听课，该做作业的时候就做作业，那么这个人就一定会获得骄人的成绩。在生活当中也是一样，自控力强的人较少患上心理疾病，工作更有效率，较多产生共情，因为富有同理心而更受人信任，也更加容易成功。

这就是自律带来的鲜为人知的好处，拥有了自律，就等于拥有了改变命运，开启成功之门的钥匙。

成长是知世故却不世故

常听别人说，真正的成长不是你年龄多大，而是你内在看问题的角度、解决问题的方法，以及对人和事物有客观公正的评价。这些综合因素标志着一个人的成熟度。有的人年龄一大把，表现出来的行为和状态依然很幼稚，反之，有的人年龄不算大，但在行为处事方面表现出来的感觉却很成熟。给成熟下个定义，就是知世故但却不世故，这样的人活得通透又谦和，有点儿"大智若愚"。

鲁迅说："人世间真是难处的地方，说一个人'不通世故'，固然不是好话，但说他'深于世故'也不是好话。"

所以，真正成长的人介于"不通世故"和"深于世故"之间，能够找到一个平衡点，既懂世故，又不深于世故。这样的人往往很容易赢得别人的信赖和支持。

演员黄渤是个实力派，在记者问他是不是要取代葛优时，黄渤说："这个时代不会阻止你自己闪耀，但你也覆盖不了任何人的光辉。我们只是继续前行的晚辈，不敢造次。"这话回答得既有智慧又很得体。这就是懂世故又不世故，是一种高级的段位。

很多人认为成熟就是做事圆滑、世故和实际。事实上，那不是成熟，充其量是变得精明了而已，但精明和智慧还是有差距的。智慧是看破不说破，抱朴守拙，精明是不让自己吃亏的锋芒毕露。日久天长，精明的人往往会让人防备，而智慧的人则让人更愿意接近。一个人只有做到虽然饱经世故却又能维持单纯，才能发现真实的自我，才能获得精神的结果和丰收。

要论精明世故的代表人物，《红楼梦》中的"王熙凤"可算一个，她圆滑能干，在贾府上上下下无人不知她是"凤辣子"，但是其最终的命运却是凄凉孤苦的。很多人不喜欢她，正是因为她太过圆滑世故。李纨曾戏谑她："专会打细算盘、分斤掰两的……亏了还托生在诗书仕宦人家做小姐，又是这么出了嫁，还是这么着。要生在贫寒小门小户人家，做了小子丫头，还不知怎么下作呢！天下都叫你算计了去！"

可见，圆滑处事虽然能周到对待比较多的人，但是有时需要违背本性去做一些事情。倒不如潇洒一点，既能照顾到他人的情绪，调节好自己的脾气，也能保持本性里的真正意志，不用刻意迎合他人。做到懂世故却不世故，给人一种大智若愚的感觉，才是做人处事的哲学。不让别人设防，而是让别人愿意接近，这不正是人脉吗？

这样的人会让人觉得"简单"，不世故不复杂。

单纯简单的人，不代表没有见过黑暗。恰恰因为见过、体会过，才能由己及人，知道什么是好，什么是不好。木心说："真正的成熟是你在经历过太多事情之后，依然能够将内心与这个世界进行剥离。享受人生而不沉湎，历经苍凉而不消极。"也许，看过人生百态、经历过世事沧桑之后，我们仍会想要回归初心，仍会想要保持最初的那份纯真。但只有当你经历过人世的复杂与阴暗，拥有了超越世俗的成熟之后，你才能够回归于"丰富的单纯"。

深谙世事却不世故，才是真正的成熟；历经苍凉却不失纯真，才是智慧的练达。真正有智慧的人，即使很聪明，也要做出一副浑浑沌沌俗人的模样，这才是真正把握了聪明之道。从今天开始，不要因为自己拥有一点能力就自负轻人，长此以往，必然被自己狭隘的思维束缚，路就不好走了。要知道：能人就是看起来很普通，但是关键时刻却做出了不普通的事情。

　　世间最难得的可贵大概就是：知世故而不世故。身处世俗依然可以率真而入绝简而出，身处复杂依然可以坚持自我而不失本真，依然可以不染繁缛做一个简单纯粹的人，这样的人往往是内外通透、大智觉醒的人。

第3章

目标力：给自己估值与定位

女生要为自己定个目标

人为什么要有目标感,这是我听过最好的答案:成功的人生一定是有目标感的人生,虽然极少有人在很年轻的时候就知道自己一生的追求是什么,但是在人生的每个阶段有清晰的目标依然大大有利于个人长期的发展。所有成功的人都不是偶然成功的,依靠的全是明确目标的指引,然后一步步向着目标前进,最后才能获得成功。

人们常说,没目标的人只会三天打鱼,两天晒网,做事没长性,往往到最后一事无成。做事没计划,没目标,就会盲目蛮干。所以我们一定要定个小目标、小规划,这样做事、工作才有目的才有动力。

贫困县的农村女孩王心仪考上北大,记者采访她的时候,她说:"感谢贫穷。"事实上并不是贫穷造就了王心仪,而是她从小到大内心定下的目标帮助她一步步实现了梦想。她在文章里是这样写的:"我来自一个普通但对教育与知识充满执念的家庭,母亲说过,这是一条通向更广阔世界的路,从那时起,知识改变命运的信念便深深地扎根在我心中。正是在这样的执念下,我从内心给自己设定了一个目标,一定要考上大学,用知识改变命运,这也成了我们全家人的明确目标。初一的时候,我被班上的男生嘲笑,他们说我的穿着土得掉渣,我委屈得要哭。我们每天的伙食都是单调的白菜馒头稀饭,成绩提高了才敢吃鸡蛋。母亲每天走山路接送我和弟弟,不敢让我们住校,因为学校伙食太贵,我们吃不起。所有数不清的困难、屈辱都让我越挫越勇，因为内心有强大的力量在支撑着我，那就是我要通过好好学习改变命运。所以，一切的困难都可以为这个目标让步。"最后的结果非常鼓舞人心，她考进了自己心仪的顶尖大学。

女生，要有专注的事和目标。举止优雅，表情温和，谦卑有礼，如果只从表面认识前面列举的这些有关气质的原则，对于提升一个人的气质只能是隔靴搔痒。真正的气质来自内心，内心的平静往往源于笃定的目标，是对生活、对人生有自己的目标和专注的事。对人生的态度，可以培养一个人的气质。你在目前的生活中有什么正在努力做的事，你的人生中有没有想要实现的目标，你为了实现目标付出了什么努力。无论何时何地，都不能失去目标，如果你希望自己成为气质美女，就要心存目标并为之持续努力。

有一个女摄影师，她从上大学的时候就迷恋摄影，于是给自己定下了目标，就是要当一个真正的摄影师。从努力攒钱购买设备，到选择摄影课程，广泛涉猎摄影知识，她一步一步朝着自己的目标行进。当别的同学下课了之后逛街或窝在宿舍里打游戏的时候，她一个人泡在图书馆翻阅与摄影相关的著作，总是一待就一天，笔记做了满满几大本。遇到任何一次外出摄影的机会，她都不放过。最初，她没有多少钱，买不起昂贵的摄影器材，她便省吃俭用，把买化妆品和买服装的钱省下来投资在摄影课的学习上。一年一年的积累，直到有一天她的作品被《环球地理杂志》评为最富原生态的摄影作品。她凭着自己多年对摄影的热爱和专注于这一领域的决心，成了一名真正的摄影大师。她在接受记者采访的时候讲了一个片段。有一次，她为了拍摄一段水边黑天鹅的照片，趴在草丛里一动不动，镜头咔嚓了数千下，身上被蚊子叮咬了无数个包。正是她这种认真专注于自己的热爱的精神，让她走向了自己喜欢的人生。

目标已经成为判断一个人能否有所成就的重要依据，比如现在有一些大公司招聘时会提出一个问题：你的目标是什么？所以，如果要使你的人生有所成就，就先设立好你的目标吧！

相信自己能，你就一定能

在我们周围，成功的人很多，他们有的是通过拼爹成了富二代，有的是通过拼自己成了富一代，也有不少草根创业者最后大放光彩。无论哪一种成功，都是成功。大部分人既不是富二代，也没有变成富一代，过着普通又平凡的生活。那么，我们这样的人，该怎样通过自己有限的能力去对抗无限的人生呢？说句励志的话就是，定下目标之后还要相信自己，不论是做事业还是当普通打工仔，都要有信念，都要相信自己，告诉自己即使野百合也有春天。

有一天，一个学员跟我聊天，说她本来想去一家金融公司当销售，因为她学的专业是金融理财方面的。而她的妈妈却要帮她走后门去银行工作。她认为，因为有了互联网，银行的生意并不像以前人们认为的那么光鲜，也有下岗的风险。认为自己做金融销售肯定会有不错的收入和前景，因为她觉得自己口才好，敢与人讲话。我问她为什么苦恼，她说因为说服不了妈妈，所以不能按照自己的意志来。

我对她说："不是你说服不了你妈，你是没有坚定地相信自己。如果你相信自己，任何外力都不能把你左右。"

她听了我的话，若有所思。

很多时候，我们做事会犹豫，或者会向外归因，其实归根结底，我们还是不够自信，不够坚定。

我们看一个故事。

三百多年前，建筑设计师克里斯托·来伊恩受命设计英国温泽市政府大厅，他运用工程力学的知识，依据自己多年的实践经验，巧妙地设计了只用一根柱子支撑的大厅天花板。但是一年以后，在进行工程验收时，市政府的权威人士对此提出了质疑，并要求来伊恩一定要再多加几根柱子。

来伊恩对自己的设计很自信，因此他非常苦恼。坚持自己的主张吧，他们肯定会另找人修改设计；不坚持吧，又有违自己为人的准则。矛盾了很长时间，来伊恩终于想出了一条妙计，他在大厅里增加了四根柱子，但它们并未与天花板连接，只不过是装装样子，糊弄那些自以为是的家伙。

三百多年过去了，这个秘密始终没有被发现。直到有一天市政府准备修缮天花板时，才发现来伊恩当年的"弄虚作假"。

故事中的建筑师来伊恩无疑是伟大的。这种伟大表现在他坚定地相信自己，恪守着自己的原则，给高贵的心灵美丽的住所，哪怕是遭遇到最大的阻力，也要想办法抵达胜利。只要你坚信自己坚持的是真理，就能坚持到底。

坚定地相信自己，做真实的自己，显示自我的风采，你就拥有了别人永远也夺不走的高贵！

相信自己是一种能量，你处在什么样的能量里，就会为自己匹配什么样的资源和机会！再好的机会，你的能量不匹配，即便机会来了，你也抓不住！你相信什么，就会吸引到什么，这叫心想事成；你怀疑什么，什么就会与你擦肩而过，这叫不信则无。相信是力量，相信自己是能力。相信自己，是成功的开始。

相信自己还有更大的意义，即你能不被别人左右，敢于尝试一切挑战，不会因为别人说打退堂鼓的话就自我放弃，而是认定自己想要去做的事情，坚定地向前走，往往更容易听从自己的内心，得到更多的机会。

如果你不相信自己，就会自我设限，即使时间充裕也不会试着去做，因为你认为即使做了也不会有什么好结果。未来，面对这件被你搁置的事儿，你不禁会对自己说："我果然不是做事的材料！"这是不良的心理暗示造成的结果。当你觉得一件事对你没有好处或者成功的概率较低时，你就不会在这件事上投入太多的精力，你的动机就会降低。当你觉得一件事很难做好时，那么你将会注意到这件事的诸多难点，一旦遇阻就会马上放弃。当你觉得自己不行的时候，你便会有心无意地寻找不利因素，不利因素越多，行动就会更加消极，结果也只会更糟糕。

所以，凡事敢于尝试，相信自己可以，往往最后的结果真的可以。相信自己完全能胜任，这既是一种积极的心理暗示，也是个人成长的标志。不要再给自己消极的打击，更多的时候，要勇敢地放手一搏。

目标被内心的渴望所吸引

每个人都希望自己过得更好，拥有更多的精神或者物质上的财富，从而形成内在的渴望。这种渴望越强烈，内化成目标就会越清晰。所以，目标的确立与内在有关，也与吸引力法则有关。

试想一下，当我们听到"金钱""成功""财富"这些字眼的时候，会联想到什么呢？是赚钱的辛苦还是想要赚钱的动力？是金钱带来的美好富足感还是伴随成功而至的压力和失败呢？不同的联想就是内在不同的思维在作怪，这种思维会形成强大的吸引力。如果一个人总想着努力能让自己变好，那么他就会不自觉地更努力。反之，如果一个人认为努力会让自己疲累有压力，内在就会抗拒努力，慢慢就会变得懒散和拖拉。

吸引力法则告诉我们，每一个情绪思维念头都会产生能量，每个人都是一座思维的发射台，你的思想就像发射出去的无线电波。当这些无线电波发射出去，你就像磁铁一样，把整个宇宙中与你的思维能量相关的东西吸引到你的生活中，也会把内在的渴望和外在的语言所散发出来的一切都吸引到你的生命中。不管有没有学过吸引力法则，它对于每个人都会起作用，而且是每时每刻都在影响着心理，最后影响行动。每个人只会吸引到和他们意念相符的事物，每个人生活的地方有自身的平衡。哪怕运用吸引力法则，我们仍然处在动态的平衡当中，所以并不会造成任何混乱。依据吸引力法则，每个人都可以得到他们想要的东西。

吸引力法则有它运作的规律和模式，在吸引力法则的原理里，我们内在的信念吸引与创造外在的一切。如果你内在匮乏，那么你就会紧紧地抓住外在的许多物质财富与情感来填补自己的空虚，但是你会发现无论多么丰盛的物质都没有办法解除你内在的匮乏感。很多人都喜欢用物质来填补精神，也许你会允诺自己：当我有钱的时候，我会开心一点；当我有了房子，我就会开心一点。但是你会发现，那些有钱人达到一定目标后，他们的内心依然紧绷，是没有办法轻松的，甚至感觉不到幸福，所以并不是外在世界的丰盛带来了内在世界的丰盛，恰恰相反，是内在世界的丰盛吸引了外在目标的达成。

当你发出一个非常强大的励志信号，它就会产生很强的威力，这就是心灵感应最初的源头。吸引力法则为什么会起作用，就是教会我们释放掉这些匮乏感，当我们真正确定我们想要拥有什么，外在的一切就会配合，那些好的东西自然会被吸引过来。如果你天生就很乐观，觉得什么事情都该往好的方向去发展，生活也挺顺利的，那么你虽然会遇到一些小波折，但是都能够逢凶化吉；如果你每天都陷入恐惧不安之中，预感到不好的事情会发生，那么不好的事情很有可能真的发生。

当我们知道了吸引力法则如此强大的时候，就要调整自己内心的状态，明确自己渴望的东西，然后每天去强化。成功并没有所谓的标准，正如"一千个人眼中有一千个哈姆雷特"，对于成功，每个人的关注点都不同，关键是在于你能否明确自己心中的渴望，并愿意去实现它。

有一个女孩北大毕业，在很多人眼里，她已经拿到了成功的入场券。但她却并没有按照父母希望的那样进入企业工作，而是选择了自己认为正确的路。这个女孩从小喜欢中国医学，她特别渴望自己能够成为一名中医，为病人解除痛苦，也希望把中国医学的博大精深传承和发展下去。于是，她开始学习中医，并且把目标定了下来，那就是五年以后她要成为一名中医大夫，为复兴中医药贡献自己的一份力量。从初中开始，小姑娘便每周固定一天学习中医，后来还申请去一家中医院当义工，每周还会抽两天时间跟专家学习。在上大学之前，她对中国医学的学习已经坚持长达四五年了。因而，当学校准备推荐品学兼优的她去进行企业面试的时候，她拒绝了。她没有走众人都渴望走的路，用她的话来说，那是别人的渴望，不是她自己内心的渴望。最终，她凭着内在笃定的渴望和不断努力，实现了成为中医的目标。

一个人渴望什么，内心就会对什么产生坚定的力量，生命激情才会被全然地调动起来。所以要想寻找自己的本心，一定要追寻自己生命最热爱的事物，这种热爱将会带领你走向更好的远方。

为目标进行积极规划

有了目标是第一步，为确立的目标进行积极规划才是更关键的一步。孔子说：吾十有五而志于学，三十而立，四十而不惑，五十而知天命。六十而耳顺，七十而从心所欲，不逾矩。人生规划可以让人活得明白，可以让女人有更明确的奋斗方向。制定目标本身就是规划能力的一种体现。如果连规划都没有，没有想好基本的步骤与要点，怎么能实现这个目标呢？

目标往往是阶段性的，很少有人把目标定到一辈子的长度。定阶段性的目标就像爬山一样，即便是要爬珠穆朗玛峰，也得先从10米、100米、300米的山爬起。每爬上一座山，你就能挑战下一座更高的山了。如果说目标是灯塔，指引着我们前进的方向，那么计划就是航线，时刻纠正着我们的行动。有了灯塔的指引，我们才不会偏离前进的方向，才不会陷入迷途。

我们不妨自测一下，看看自己在哪个阶段。（1）完全没有人生目标，每天浑浑噩噩，不知道自己要追求什么，并时常找不到目标。（2）自己没有目标，容易被别人左右，不管别人说什么好像都是对的，别人让我怎么做我就怎么做。（3）有时候有目标，有时候没有目标，有目标也只是短期目标，过一段时间就又没了。（4）有明确的人生目标，但是没有清晰的规划，不知道该怎么实现目标。（5）已有明确的人生目标，也有清晰的人生规划。

最好的应该是第 5 个,有了人生目标,也有了清晰的自我规划。作为女人,更应该为自己的将来好好打算,目标是要定的,但绝不能离自己太过遥远,否则一定会因为总也实现不了目标而困惑,甚至想要放弃。目标就像一场马拉松,跑到最后的人总是很少,如果目标总是遥遥无期,必将使你失去最初的斗志,以至于到最后对未来丧失了希望,心力交瘁地选择放弃。与其如此,为什么不把一个大的目标分解成几个小目标进行落实呢?因为实现每个小目标不用花费太长的时间,这样一来,你不但可以更快更好地把事情做好,还可以在落实一个又一个目标的过程中,享受那份属于自己的成就感。

有个故事是这样讲的。

某个人热爱音乐,他想有一天能出一张自己的音乐专辑,但在竞争激烈的唱片市场上,他却对自己的梦想望而生畏。长期以来,他的努力似乎看不到任何效果,于是他寻求专家和老师的帮助。老师问他希望 5 年后做什么,他思考了几分钟后,说:"第一,5 年后我希望自己能发行一张唱片,而这张唱片在市场上很受欢迎,可以得到大家的肯定。"老师听完后说:"好,既然已经有了目标,我们不妨把目标倒过来看一下。如果第 5 年你有一张唱片在市场上发行,第 4 年你一定要跟一家唱片公司签上合约,第 3 年你一定要有一个完整的作品,第 2 年你一定要有很棒的作品开始录音,那么第 1 年你一定要把你所有准备录音的作品全部编曲编排并排练好,第 6 个月你就要把那些没有完成的作品修饰好,然后一一筛选,那么第 1 个礼拜你就要先列出一个清单,排出哪些曲子要修改、哪些曲子需要完工。"老师一口气说完了这些,停顿了一下,接着说道:"你看,一个完整的计划已经有了,现在你所要做的就是按照这个计划去认真完成,这样到了第5年，你的目标就能实现了。"果不其然，恰好是在第5年，他发行了第一张唱片。他说他之所以能实现自己的目标，正是因为他严格执行了老师为他制订的详细可行的计划。

人们都说成功很难，但是事实上成功并不是一件多么艰难的事情，只要你能把自己未来要走的每一步规划好，然后勤勤恳恳地努力，一步一个脚印地履行自己的规划，你就会在不知不觉中收获属于自己的成功。

对目标进行规划，可以给自己列个清单。

1. 你想要什么，你能做什么，你擅长什么，你想成为什么样的人。

2. 审视自己的目标清单，预估完成目标需要的时间，不要定得太短也不要定得太长。留下一定的弹性时间，不能太多。

3. 挑选出你最近想要完成，并且对你来说是最重要的3~5个目标，最多不能超过5个，然后针对这几个目标积极行动。

4. 在每个目标后面列出对应的资源和策略，列出如何实施，并且写下实施的具体步骤和过程。

5. 不时调整和回看自己的短期目标，并且列出实施过程中的不利因素和障碍，并写出如何改进。将目标融入你所处的环境，再次审视，并持之以恒地行动。

想达成目标离不开意志力

对于每一个人来说，有两种能力非常重要，一个是智力，另一个是意志力。智力让我们有更多学习和提升的可能，但是如果仅仅有智力而缺乏意志力，就会让很多定好的目标和计划无法执行下去，最终泡汤。

什么是"意志力"呢？就是一个人在一件事上能够产生持续坚定的心理和行为表现。怀有这种心理的人，即使遇到挫折和困难也不会轻易被击垮，而是能够用更加强大的力量来对抗，直到实现最终目标。希腊新喜剧诗人米南德曾经说过，"谁有经历千辛万苦的意志，谁就能够达到任何目的"。

曾经做过"棉花糖"实验的罗伊·鲍迈斯特为了验证意志力这个问题，后来又做了一个"胡萝卜实验"。他把一群又渴又饿的大学生请过来做实验。做实验的时候，他把大学生分成两组，在一组大学生面前摆了热的曲奇，他们可以随时吃热的曲奇；另外一组大学生坐在旁边，他们能够看见热曲奇，但是不能吃，只能吃胡萝卜。那组面前摆着胡萝卜的大学生看着另一组大学生的曲奇，闻着那诱人的香味却不能吃，是非常考验意志力的。为了配合实验，他们只能生气地吃胡萝卜。过了一段时间，两组大学生回答相同的几何题，这些题几乎无解，特别难。结果，那组允许吃曲奇的大学生虽然答不出来，但坚持了将近20分钟，而吃胡萝卜的那组大学生一看题目就放弃了，连10分钟都没有坚持。无法坚持的原因是他们在面对着胡萝卜看着热曲奇而不能吃的时候，意志力已经被消耗得差不多了。他们没有意志力了，所以等他们去做几何题的时候，就不行了。

这个现象可以帮我们解释生活中的很多状况。比如，妻子一般不会在早晨精力充沛的时候与丈夫争吵，往往在上了一天班或干了一天家务以后与丈夫争吵。如果有孩子，妻子的情绪和精力到了傍晚已经耗尽，会十分疲惫，就更容易与丈夫吵架。在精力充沛的时候，人往往容易控制自己的意志力，而疲惫的时候，也是意志力最弱的时候。所以大量的"踢猫效应"、揍孩子，都是来自这个时候。就像有句话说的那样：我们对生活勃然大怒，然后转身开始骂我们的孩子。这正是生活消耗掉了我们的能量，我们的意志力不够了。

为什么说要想实现目标，需要充足的意志力呢？因为意志力带来自控感，不容易让人放弃，也让人有更想成功的心理支撑力量。但是意志力往往不是靠苦撑，而是有方法去锻炼的。以健身房办卡为例，最初信心满满去办卡的人非常多，但真正能坚持雷打不动去健身的人很少。比如减肥这件事，如果你用意志力减肥，那么随着意志力的消耗，我们的自控力就会越来越低，美食的诱惑就会越来越大，想继续用意志力驱使自己去健身房、跑步、控制饮食等，就会变得越来越难。再比如你上了一天的班很累，下班又去挤公交地铁，回到家之后，你就很难控制情绪，家人的某个无意识行为就有可能激怒你。从意志力的层面来讲，就是因为你的意志力被消耗得差不多了，不足以支撑你控制自己的情绪。

意志力具备两个特点：第一，意志力不是恒定的状态，它会被消耗；第二，意志力通过训练可以增强。就像举重运动员最开始只能举20公斤，然后慢慢增加重量，跑步的人最初只能跑二十分钟，慢慢增加到跑半个小时或更长，这就是针对意志力的锻炼。

科学研究得出过一个结论，意志力的锻炼就是集中精力改变一个习惯，然后全方位提高各方面的意志力。比如，我们不是左撇子，但我们可以有意识地经常用左手写字，用左手拿东西。在《意志力》一书中，有一个实验分了三组人。第一组人改善自己的理财习惯，即他们喜欢乱花钱，得改善理财习惯。他们要记下来自己的日常花销，控制自己这个月的消费，一定要控制在2 000块钱之内，努力理财。第二组人健身去跑步，去上跑步机，坚持健身。第三组人学习，努力地读书、学习、记笔记。三组人以三个完全不同的方向磨炼他们的意志力。结果是什么？结果是这三组人经过一段时间的训练以后发现，那个练健身的人在理财的层面也出现了大幅改善，那个学习的人在健身方面也出现了大幅改善。为什么？因为他们练的是同一个能力：他们练的都是意志力。所以当他在这方面的意志力提升以后，他那个账户里所储存的意志力变多了，所以他在那一方面相应地也改善了。

当我们有了目标以后，还要有意识地去锻炼自己的意志力，只有意志力改善了，实现目标才会变得更加容易。

实现目标离不开自我管理

我们都有一个共识：管自己比管别人更难。因为自己对自己容易松懈，容易宽容，容易放纵。比如在亲子关系方面，大人很难管住自己不看手机，却经常看不惯孩子玩手机；在夫妻关系方面，一方很难管住自己的毛病和缺点，却总能看到对方的毛病和缺点；在上下级关系方面，领导很容易看到下属的问题，却很少有领导人意识到自己的问题，或者有大部分人明明知道自己有问题，但不愿意承认和改变。我们在没做管理之前，总想着管理团队很不容易，当真正当了管理者，手下也有了一帮亲爱的兄弟姐妹时，我们才发现管理别人并不难，难的是如何管理好自己。

比如，你是领导，当发现员工有问题的时候，能不能第一时间找找自己的问题，而不是直接找员工的问题；比如，你是企业管理者，当发现客户有问题的时候，能不能想想是自己与他们合作上出了什么差错导致客户有了问题；比如，当跟家人、跟最亲的人之间有了不愉快时，你可不可以从对方的立场想问题，感受对方的感受。

所有这些，都属于自我管理的范畴。管不好自己就管不好别人，也别想着管好别人。想要实现真正的成长，实现自己的目标，就离不开自我管理。

我看过一个采访视频。记者采访万科集团CEO郁亮，是什么动力让他登上了珠峰。最初郁亮是一个大腹便便的"胖总管"，当他发现自己的身体因为不能控制发胖而变得虚弱或有不健康趋势的时候，他决定给自己定一个目标。他定了六字目标："管住嘴，迈开腿。"他决心将体重从75公斤减至64公斤。郁亮每天早上起来跑步，风雨无阻。短短几个月时间，他就成功减掉了12公斤。他立下誓言，到50岁时给自己的礼物就是登珠峰。他说："我曾经跟我女儿夸海口，说我希望成为国家运动健将。"她说我不可能。我查了所有的资料，确定只有一种运动有可能成功，就是登上珠峰。只要登上珠峰，就可以成为国家运动健将，如果队伍里有国际友人一块儿参与登珠峰，那么就是国际级的运动健将。

郁亮还对记者说，在过去三年里，我一边登珠峰，一边把健康管理纳入公司管理的内容。我想，在万科以80后为主的一个员工队伍里，大多数人在有房有车后还缺少什么，那就是缺少健康。我在运动方面做了三点。第一，管理层带头跑步，万科管理层里没有一个人有脂肪肝。第二，我们给员工创造环境，做了淋浴间，很多公司告诉我(空间)很紧张，没有淋浴间。我就问了一个问题，我说你有办公室吗？你有独立办公室的话，可以改造成淋浴间，这样他们就全有淋浴间了。第三，我们把员工健康的指标跟管理层的奖金挂钩，列为考核内容，员工不健康，扣管理层奖金。如果公司员工平均的体能、体重比过去更达标、更优秀了，那么加1%奖金给管理层。如果不是，则扣1%。

当然，登上珠峰的不止郁亮一人，很多成功的企业家如王石、黄怒波、张朝阳等，他们都带着敬畏与感恩，带着执着的精神亲近珠峰。这里面有一种企业家精神，更多的却是对自己的管理，也是对企业时刻心存危机意识的表现。

有句话说得好，那些很优秀很成功的人都仍在努力，我们有什么理由不努力？同理，我们周围有很多已经很牛的人都在积极管理自己的健康，管理自己的财富，管理自己的情商，我们又有什么理由不去做呢？

带一个队团也好，管一个公司也好，经营一个家庭当父母也好，如果不先管理好自己，就带不好团队，也管理不好公司，更经营不好家庭。

自我管理在我们的日常生活、工作和学习中扮演着相当重要的角色。我们要想发展，必须善于自我管理，知道自己的位置处于哪里，才能发挥自己的长处，取得更高的成就。我从事亲子教育这么多年，明白了一个浅显却十分重要的道理，即父母学会自我管理比管理孩子更有效，更能让孩子听话好学上进。

任何孩子的成长都离不开父母，父母是孩子学习的最好榜样。在日常生活中，孩子会不自觉地学习父母的思想、行为。孩子通过榜样学习自我管理能力，养成良好的生活习惯和自理能力，在实际生活中坚持自己的事情自己做，再加上我们有意的培养，孩子就会更有信心，更加独立自立。

学会了自我管理不仅仅是自己在成长，也能与别人更好地相处，更是能否实现目标的基础和关键。

帮别人实现目标

当确立了目标之后，我们的心中会有一种动力。如果我们确立的目标是帮助别人一起成长，那么我们内心的动力就会更强，就变成了一种更大的愿力。

在创办"好女孩大学"之初，我问过自己想实现什么样的目标。有一个声音很坚定，那就是我要通过自己帮助和带动更多女性，让每个女性通过学习演讲，通过学习高情商的沟通和处事法则变得更快乐和幸福，收获更好的人际关系，拓宽自己的路。我作为北京卫视"我是演说家"、安徽卫视"超级演说家"乐嘉战队选手辅导教练、性格色彩学院核心签约讲师，也是一步步走过来的，是受到很多其他演讲大师的影响才发生了蜕变。我想把我学到的知识带给更多女性，让她们活出自我，活出精彩。正是带着这样的愿景和初心，我送走一批又一批的学生，既有成就感，又为自己所做的事骄傲。

我始终相信，愿力比能力更重要。我们要有帮助他人的动机，有帮助他人的愿力，有将他人的目标当成自己的目标一样去实现的愿望。如果这样的话，会让自己生出更多的动力与能力带动整个团队共同发展。如果你是女BOSS，你需要让你的团队跟着你一起分享成功的喜悦；如果你是老师，你要能够点燃别人的梦想，带着大家一起实现目标。

无论是企业领导还是梦想导师，都不能"强迫"他人服从，而是要让他人自愿追随你！你的下属和团队成员只有得到了自己想要的东西，才会爱上企业、爱上领导，从而实现自动自发。

你是老板、你是导师，你要时刻想着去成就员工而不是压榨员工。我在课上一直对企业老板说：老板要从企业中解放出来，从最开始的让员工为自己干，转变为员工自己干。老板要成就员工，很多老板无法成就员工，误以为是因为行业不行、经济不行等，其实根本原因就在于老板从最初创业的时候就是让员工为自己干，所以他们无法真心实意地去成就员工。任正非鼓励员工多挣钱，改变自己的命运，改变家族的命运，同时实现自我超越。在创业初期，华为还没有多少钱可分的时候，他就跑到员工中间跟他们聊天，给他们描绘一幅美好的图景：将来你们都要买房子，要买三室一厅或四室一厅的房子，最重要的是要有阳台，而且阳台一定要大一点，因为我们华为将来会分很多钱。钱多了装麻袋里面，塞在床底下容易返潮，要拿出来晒晒太阳，这就需要大一点的阳台，要不然没有办法保护好你的钱不变质。这样的宏图谁不喜欢，员工一听老板的梦想是把事业做大，给自己分到更多的钱，他们怎么会不卖力呢？

很多企业天天研究制度，制定罚款，这个做不对要罚，那个做不对要罚，这样的制度目的是约束员工；有远见的企业和管理者天天研究机制，机制是为了引爆人、成就人，这是二者本质的不同。制度算计员工，机制成就员工，真正学会机制系统的管理者在制定公司激励方面会更加科学合理，多用激励的手段激发员工的斗志，而不是用制度挫败员工的锐气。

可见，以人为本是人力资源的核心竞争力，员工是企业的重要资本，企业的竞争关键是人才的竞争，企业的发展关键是人的发展。从这个意义上说，好企业的根基离不开人才。

比如，员工与顾客只会走进有笑声的企业。如果员工不满意，没有幸福感，他怎么可能表现出良好的状态？他又怎么可能做出好的业绩，提供让客户满意的服务？企业家和管理者必须先服务于本企业员工，让员工找到幸福感，员工才能代表企业更好地服务客户。

我在几次公开演讲的活动上问一些企业管理者："人力资源的初心是什么？"台下观众的沉默使我记忆犹新……

在我看来，人力资源的初心就是"以人为本"。只有先做到对内以员工为本，才能实现对外以客户为本。

只有这样，你的目标才能实现，因为你的愿力是帮助别人实现目标。唯有如此，大家才会追随你，和你一起去实现更大的目标。

每天向目标进步一点点

人们都说，现在的时代犹如逆水行舟，不进则退。如果每天向着目标进步一点点，那么一年365天的进步就会非常明显。反之，如果每天退步一点点，一年下来就会被人远远甩在后面。

有一个公式，0.99的365次方等于多少？如果你有计算器，你可以算出来等于0.003，也就是说今天你没有全力以赴，你只是做到了0.99，那365天以后你得到的数是0.003，你退步了。1的365次方等于1。0.003跟1相比差距好大。如果你进步了，每天都保持自己没有退步，那就是1；如果你每天进步一点点，1.01的365次方等于多少呢？这个数字很夸张哦，37.78。换句话讲，一个人每天都没有进步，而是退步，哪怕只退了0.01，一年之后他的得数是0.003，这个人不进步也不退步，他的分数是1。如果他每天进步一点点，他的分数一年以后是37.78，约是1的38倍。如果进步比0.01再多一点点，是1.02呢？1.02的365次方等于1377。一个人每天进步一点点，一年以后是1377，这个数字是不是很夸张呢？我们再来讲一个故事，是更夸张的平方和公式。a+b的平方等于a的平方加ab，加b的平方加ba，这个公式什么意思呢？如果你每天坚持精进，每天进步，那么在坚持365天后，你的收获是长远的1377倍。但是如果你今天是两个人，两个人互相分享、互相监督，我把我的经验跟你分享，你把你的经历跟我分享，2的10次方等于1024。两个人只需要分享10次就可以达到一个人将近一年的成果，这是多么夸张的数字啊！

每天看似只进步"一点点"，一年下来所产生的能量非常可观了。每个人每天都要问问自己今天做了什么、明天的计划是什么、今天的收获和心得体会是什么。每天精进一点点，一年以后你会发现两个人的差距已经是天壤之别了。另外，如果不单是自己精进，还跟别人分享经验一起精进，两个人分享10次等于一个人将近一年的速度，所以这个公式再次表明了日益精进有多重要。

我经常在课上让学员写日精进记录，大凡能够坚持下来的学员，都有了不一样的改观和收获。无论是读书有了什么新的体验和学到了什么，还是在教育孩子方面习得了哪些有用的知识，再或者是与人沟通和演讲方面有什么收获。每天进步的一点点，最终都成了她们达成目标的助推器。她们坚持一段时间以后会发现自己的能力提升了，沟通更有效了，亲子教育更顺畅了。这也是我喜欢讲课的原因，因为这样不但自己受益，也能把自己的经验分享给更多的人，带动她们一起成长和进步。

假如把一天的活动如实记录下来：几点几分做什么，有什么收获，自己是不是在浪费时间，还是有所成长，就知道你是否浪费了生命。有一句话说得很好，你怎么过一天，你就怎么过一生。

可能有人要说了：一年365天，我浪费一天怎么了？我虚度一年又能如何？是不能怎么样，当你不想怎么样的时候，放任自己浪费时间是没人把你怎么样的。但是，一定会有一个你想不到的未来在某天等你，跟你结算。

我们对生活充满期待，确切地说，是对明天充满期待，对未来充满期待。很少有人起床后便盼着今天会捡个大元宝，今天天上会掉馅饼，却有很多人盼着在未来的某一天得到命运之神的垂青，获得难得的机遇。或许，你说，没有，我就是喜欢平平淡淡，那么想一下，你有多少个自己不满意的习惯、多少个积极的行动是计划放在明天开始做的呢？并且，是放在每一个明天开始做。在这样的日复一日中，你永远不能真正地付诸行动，你将被时间彻底打倒。

明天开始健身，明天开始努力学习，明天开始早起早睡，明天开始每天坚持做一件有意义的事情，你所有的盼望、所有为实现美好愿望所需要的努力，都计划在明天开始行动。明天真的可以把握吗？其实，把我们每个人区别开的不是机遇，而是每一个今天。每个人都会面临机遇，遗憾的是，大多数人没有数百个上千个"今天"的积累，即使机遇跑到他的面前时，他也会推走，即使推不走，他也会跑开，因为他会把机遇认作威胁。善于积累每一个"今天"的人，每当机遇来了，会审时度势地分析面临的问题，抓住适合自己的机会。机遇一开始带给你的只是挑战，甚至会让你的内心恐惧，只有做好准备的人，才能把握住机遇。

央视主持人董卿制作兼主持的"朗读者"在第一期播出以后就收到

了豆瓣9分以上的好评。当我们看到朗读者带着人性的温暖走进视野的时候，我们首先想到的是董卿作为新闻传媒专业出身的人，做一期自己的节目获得成功是必然。记者采访董卿团队的时候才知道，做这个节目的时候，她把自己的时间按秒算了。她说自己连着很长一段时间感觉时间不够用，恨不得一天有30小时。她每天凌晨两点以后才睡觉，早晨五六点就要起床。她把一天时间当成两天甚至三天去用。

由此可见，任何事情的成功，我们看到的只是表面，那个成功的人却在别人看不到的地方付出了超出别人想象的N倍努力。

我们身边有很多生活的强者，他们的时间都是按秒算的。他们不用闹铃，早上会自然起床，不用人催，也不会泡在网游里浪费时间。他们自律，他们奋进，因为时间对他们来说是一切。他们每天告诉自己要向着目标进步一点点，这一点点最后会变成无穷的力量。

第4章

行动力：最快的捷径，说了就要去做

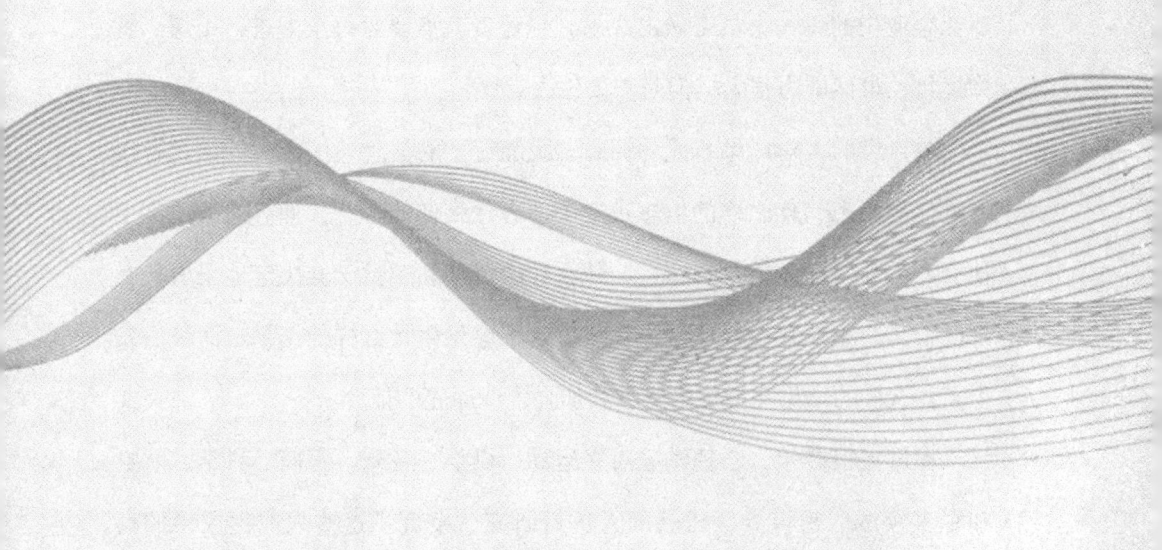

别让梦想变成空想

每个领域都有优秀的人，大到企业家，小到我们身边的朋友，而且不同的领域都有做出成果的人，他们靠的是比普通人高的智商吗？不是。他们之所以能获得成功，和能力与行动力脱不了关系。凡是做出成果的人，他们不一定家底殷实，不一定聪明绝顶，他们为什么能成功？仔细观察后你会发现他们共同的特征是：行动力非常卓越！当别人还在空想的时候，他们早就开始行动了。如果我们仅仅有梦想而从不付诸行动，梦想就会变成空想。

我们常说，能力决定你能走到什么高度，行动力决定你能走多远。想要让企业中的每一个员工做出成果，经营者就需要对每个人进行引爆。就像爆竹，虽然威力很大，但是需要你去点燃！

被点燃的人对成果与成功拥有"我能行"的信念，一个人的信念直接影响他的心态，什么样的信念决定了他有什么样的心态，而心态又决定了他会产生什么样的情绪和感觉，什么样的情绪和感觉又会决定他采取什么样的行为，采取什么样的行为直接决定了会发生什么样的结果。而最后发生了什么样的结果又反过来影响和加强了他原先的信念。

在过去很多年，心理学家对在运动、棋类、音乐、医药、科学、航空和军事领域取得世界级成就的人进行研究，发现了这些人取得成果的秘密,对我们也有很大的启发。

通常来讲,一个人取得成果有两个途径:一种是学习钻研某个领域很久,深入了解很多,对这个领域的很多知识都非常清楚;另一种是当对某个领域有了认知后通过积极行动去实践,最终转化成更成熟的经验。

有一位云游的禅师,某天在一个旅店歇脚。晚上躺在床上,他听到隔壁有个人在唱歌。那人唱道:"张豆腐,李豆腐,枕上思量千条路,明朝依旧卖豆腐。"

意思是姓张的和姓李的两个人卖豆腐,每天在外面卖豆腐很辛苦,晚上睡觉前在床上辗转反侧,思量着卖豆腐这么辛苦,明天是不是还干这个,是不是要改个行当。可是,明天一大早起来,他们还是得卖豆腐。

从这个故事里,我们发现张豆腐和李豆腐只想不做,永远也无法改变,只能一直卖豆腐。所以,有行动才会有改变,没有行动永远也不会成功。

能力更加重要,还是行动力更加重要?实际上在日常生活中,我们看到一个孩子非常聪明,学习力也很强,但却缺乏自控能力、自律能力和行动力。通常而言,这个孩子的学习成绩会怎么样呢?是很好呢?还是一般呢?如果他的智商不是特别高,通常他的学习成绩只会一般。不是因为他不聪明,而是因为他的行动力大大落后于其他人。

企业中,也有些人无论学啥一学就会,脑子非常聪明,但就是因为懒,不自律,不好好奋斗,不好好努力,所以他们在工作上的表现远远比不上那些能力一般的、智商没有他高的、各方面都没有他优秀的人。这个就是我们所说的能力和行动力,对于一个人的人生成果也好,对组织成果也好,它都有着重要的影响。

能力主要在短期层面上面影响一个人的成果和业绩，从长期来讲，影响一个组织和一个人的业绩和人生成果的主要是行动力。在日常生活当中，我们经常会看到有些人笨笨的，并不太聪明，能力也不算很强，但是因为他不断努力，持续奋斗，尤其在某一个领域里持续进步，持续努力，持续奋斗，持续精进，所以他的行动力远远超过一般人。在这个维度里，他会越钻越深，最后成为这个行业里最顶尖的人，远远超过那些早先能力比他要强很多的人。

从长期来看，影响人生成果、组织成果、公司业绩成果的主要是行动力。梦想还是要有的，万一实现了呢？实现梦想的最大捷径就是动起来，不要做思想上的巨人，行动上的矮子。

女子本勤快　不患拖延病

许多人都是间歇性踌躇满志，持续性浑浑噩噩。为什么呢？因为做到踌躇满志需要自律，需要自我约束，而浑浑噩噩就容易多了，只要拖延下去就会轻轻松松变得浑浑噩噩。

拖延十分常见，本身不是病，但却是大部分人都无法对抗的顽疾。尽管我们都知道早早干完手头的活儿就会有更多的时间做自己喜欢的事，但却总是一拖再拖到最后也完不成；尽管我们都知道熬夜对皮肤不好，但依然一边敷着最贵的面膜一边熬着最长的夜。比如，吃完饭明明有很多需要洗的碗筷，但却双手放不下手机，迟迟拖延不去洗。比如，明知自己肚子上有很多肉肉，说过多少次要运动要减肥，身体却从未行动。比如，买了很多书打算好好读，结果拖了很长时间，却一本也没有仔细去读……

之前看过一个报道，凡事能够提前10分钟的人，做事效率和做事效果相当惊人。比如，提前10分钟起床就可以从容地照着镜子整妆容，出门时就不会那么狼狈了。如果提前10分钟出门，就不用担心错过重要的会议内容了。如果提前10分钟到达会议现场，开会时就会胸有成竹，更不会被领导训了。道理人人都懂，但真能做到的人却不多。

大部分人都是如此，理智是一回事，真正做又是一回事，这就是拖延症。从不拖延的人凤毛麟角，每个人都会拖延，只不过程度有轻有重。只有终结拖延带来的干扰，才能活得更精彩，才会有更多的时间娱乐，同时也会从拖延中赢回更多的时间，让自己更好地完成工作。

经过一次次的拖延和浪费时间，人生的差距就会逐渐拉大。哈佛大学做过一次调查，认为世上百分之九十以上的人都因拖延的坏习惯而一事无成，这是因为拖延能打消人的积极性。那些高效能人士、杰出人士往往是终结拖延的高手。所以，想要让自己不那么平庸，首先要告别拖延，学会管理时间，人人平等地拥有24小时，如果不拖延，就会有效利用有限的时间，多做一些事情，离成功更近。

在《拖延心理学》一书中，对拖延心理进行了深度剖析，其中有一个观点很有意思。心理学家认为，所有的拖延行为都是因为一个人在潜意识里认为自己"还有时间"。虽然很多人都因为拖延造成了一些麻烦，使自己措手不及，但他们依然抱着还有时间完成任务的希望。说得简单些，拖延是人们对于时间缺乏有效的管理，如果他们觉得在十秒钟内可以完成一件事情，那么一定就会等到最后十秒，而不会去想在这十秒钟内可能会碰到什么突发情况导致无法完成任务。想要把这个问题解决，就需要对自我进行心理暗示。

比如，你要完成某件事情，却迟迟不肯行动，因为你觉得时间还很充足。这个时候，你可以试着对自己进行心理暗示：时间并不是如自己想象的那么充足，事情也没有自己想象的那样轻易就能完成。当这个心理暗示起到作用，你就会有清晰的时间概念，从而采取行动。另外，要学会和拖延症相处，而不是急于改变。拖延如果能够通过技巧改变，就不会有那么多人因为无法改变拖延症而焦虑了。

拖延症的科学解释是因为行动和奖励反馈不一致，比如吃零食、刷手机、看娱乐节目会让我们获得快乐，所以我们无法抵挡零食的诱惑，也会熬夜不停刷手机。当为未来规划的时候，那种渴望的快感似乎就没有那么重要了。当想要的一切看上去很遥远的时候，你很难感受到动力，与此同时，因为你有压力，不管是因为不如别人带来的压力，还是经济现实压力，都会让你的身体产生皮质醇。皮质醇水平标志着压力的大小，会影响大脑很多认知功能的区域，换句话说，在压力下人们通常不太可能做出理智的决定，而是倾向于去做那些简单的、有反馈有奖励的事情，比如看电视、抽烟、出去玩，这就进一步促进了拖延。

了解拖延，认识拖延，并且要学会和拖延共处。什么叫和拖延共处呢？就是了解并且认可自己的自控力是非常有限的，不要和身体做对抗。如果实现一个宏大的目标很难产生动力，比如减肥，那么不妨把目标设置得更近一些，可以每天控制糖的摄入量，少吃面食和米饭。比如一年挣几百万元的大目标很难实现，那么不如把目标定在通过努力争取做到每月搞副业多收入500元，或让自己增加知识，涨薪1 000元等，这样会更实际。

通过一些小目标的实现，我们会尝到甜头，找回自信，慢慢才会有更大的自信去实现更大的目标。这一过程会在不知不觉中改变拖延的毛病。

一段时间之后，你发现这个事儿也没有那么难，当你做了一件又一件小事的时候，你回头一看会吃惊地发现自己竟然已经走了那么远。当你获得一个又一个小成功的时候，你接受延迟反馈的能力就会越来越强。当你的目标和行动已经变成了自然而然的事情的时候，拖延就消失了。另外，想要战胜拖延要保持充足的休息，良好的身体状态是和拖延和平共处的前提。你的身体状况在很大程度上影响了你和拖延抗衡的战斗力，你很难在身体不舒服、缺觉劳累的时候保证执行力。经常锻炼，保持心脑的健康活跃，保证睡眠充足，保持充足的营养，保持良好的心情，你可以吃得健康，让身体减减压力，这些都对改善拖延很有帮助。

这个做法不仅针对拖延的问题，也是我们面对各种困难的基本做法。越是处在困境中，就越需要以更充沛的精力和创造力去面对它。好的身体和好的状态，会带你走出困境。这个思路也适用于各种事情，很多时候，我们想解决问题走出困境，走向的都不是对抗，而是接纳和共处。

机会留给有准备并积极践行的人

真正的机会从来都只青睐那些时刻做好准备的人，只有做好充足的准备，才能抓住机会感受美好。机会稍纵即逝，一旦没有做好准备，就只能追悔莫及。只有做好准备的人才会积极践行，最后走向成功。

一个人有多重要，通常与他愿意担负的责任成正比。具有高度责任心的人，通常具备主人思维，愿当岗位主人翁，这样的思维是事业成功的基础。一个人能不能成功，关键在于他能不能主动。大凡成功的人，他们的共同特点就是特别积极，特别主动。这种主动就是行动力。

哥伦布发现新大陆后，在一次庆祝酒会上，有一位贵族非常不屑地跟大家说："那没什么了不起的，任何人只要坐着船，一直往西，都能在海洋中遇到这样一块大陆。"

哥伦布听罢并没有半点不悦和尴尬，只见他从桌上拿起一个熟鸡蛋问大家："你们谁能让鸡蛋小头朝下立在桌面上？"

大家用尽各种办法都没有成功。这时，哥伦布拿起鸡蛋，把小头往桌上一敲，鸡蛋立在了桌上。

他说："世界上有很多事情说起来非常容易，不过最大的差别就在于，我已经动手了，而你们却至今没有。"

这个故事说明一个浅显的道理，即再有能力的人如果缺乏行动力，也会一事无成。

行动前：决心第一，成败第二；

行动中：照做第一，聪明第二；

行动后：结果第一，解释第二。

当看到别人成功的时候，我们要想想人家为什么能够抓住机会。因为别人提前做好了准备，还有积极的行动力。有两个员工，他们的工资都是5 000元，甲做了10件事，乙做了5件事。假设他们做的每件事都一样，没有质量的差别，那么你们认为是甲赚到了，还是乙赚到了？肯定是做10件事的甲赚到了。他只拿5 000元钱，却做了10件事，付出很多。一个人的收入等于什么？工资、奖金、福利、分红、提成、年终奖、绩效、补贴等统称为物质收入。此外，还有精神收入，包括能力的提升、经验的积累、个人的人脉及个人的口碑。精神收入和物质收入之和是一个人的总收入。越是积极行动的人，表面看似为公司做出了成绩提升了业绩，最终受益的却是自己，因为他获得了收入和能力的双重提升。

人有两种，一种人认为老板给我多少钱我就干多少活，这叫仆人。另一种人认为，我想赚多少钱，就先干多少活，我是主人，我不受你影响，我绝对不会跟老板一般见识。老板给员工5 000元，员工就干5 000元的活，属于跟老板一般见识；老板给5 000元，员工照样干5万元的活，如果干了5万元的活，老板不给5万元，员工可以选择不跟老板玩儿，说明老板没眼力。

我一直对学员们讲，无论你是企业的管理者还是打工的，事实上都是在为自己工作，都在用时间和结果证明自己是有价值的，是值得别人投资和合伙的。员工是在用自己的时间、能力跟公司合作，公司追求回报最大化，比如在甲身上投资5 000元，回报了十件事的行动力，在乙身上投资5 000元，回报五件事情的行动力。请问大家对老板来说，在谁身上的投资回报率更高一点？当然是在甲身上。既然在甲身上投资回报率高，老板愿不愿意在甲身上追加投资？再投资3 000元好了，希望甲回报二十件事情。于是，老板在甲身上追加投资，甲就升值了，加薪了。老板发现投资乙回报率不高，别人做十件乙只做五件，对不起，老板不要你了，你就下岗了。所以，真正优秀的人一定设法让别人有更高的回报，你让别人有更高的回报，其实就是为自己争取更高的回报。因为他人只有在觉得你回报率高的情况下，才愿意跟你合作。

尤其在当今这个女人需要顶整个天的状态下，如果我们不做好准备，就会让机会流失。有人说，女人最大的安全感来自手机里满格的电、银行卡上的数字，以及说走就走的自由。要想获得这几样，离不开能力。如果没有能力，怎么保证银行卡上的数字增长呢？更谈不上想要的诗和远方。能力提升往往是时刻准备着＋积极践行力，唯有如此，才能让我们在多变的时代里保有基本的安全感和竞争力。

让行动力变成高质量的勤奋

很多人一提到行动力，就会说自己行动力特别好，每天忙到屁股不沾沙发，永远在路上奔跑。忙，有时候并不代表具备行动力，尤其是那种忙到焦头烂额却出不了成绩的忙，只能归为低质量的勤奋。

真正的行动力一定要远离低质量的勤奋，少做无意义的工作。很多人都有过类似的经历，即分秒必争坚持把一天24小时安排得满满的，甚至晚上睡觉半夜醒来也要逼着自己读几页书。事实上，这样的行动力会把自己拖垮，会让自己的休息时间越来越短，会让自己的情绪越来越焦躁。在这种情况下，只要有10分钟的无作为，你就会变得非常紧张，同时你的社交时间也不得不尽量缩短，你甚至不再有时间交朋友。更可怕的是，你的工作量没有变化。看起来每一天你的工作量都在成倍递增，其实你并没有进步，同时你的状态被贴上了没完没了的标签。

勤奋努力不是一种看上去很美的姿势，而是需要看最终所取得的结果，这也是分辨一个人是不是真正勤奋的标准。你必须远离低质量的勤奋。很多人的勤奋都是低质量的勤奋，或者说，他们是在用战术上的勤奋来掩盖战略上的懒惰。他们表面上很刻苦，实际上却刻意回避了真正需要解决的问题。

有不少人抱怨说自己从早忙到晚，既不偷懒也不懈怠，但却没有什么成绩。事实上，有种忙碌叫"低质量勤奋"，不过是给自己营造了一个很忙很努力的假象，或者只是为了做给别人看，没有真正走心。

高质量的勤奋不是马不停蹄，而是有效利用时间；努力不是一味埋头苦干，而是用智慧解决问题。要沉下心来，先学会思考再去行动，才能获得真正的成效。

那么，怎样才能做到高质量的勤奋呢？第一，做事时要挤出时间学习，充电储能，提升自己。第二，梳理工作，列好计划，要事优先，逐项落实。第三，遇到难题，要思考解决问题的方法，既要借鉴，又要创新。第四，要善于总结，不断积累经验，汲取教训。第五，过段时间，就要留出放空自己的空闲，静静地思考未来，反思人生，筹划工作。

在现实生活中，我们可能付出了很多，参加各种学习、活动、培训，很多工作的人更是各种加班，任劳任怨。他们时不时发个朋友圈：今天又是最后一个离开办公室，再配张符合现场的图。然后自己先把自己感动一番，感动之余还产生了一点自豪感！但时间久了，却发现除了一些人会在朋友圈里给你竖几个大拇指之外，实际上你的努力根本没什么用！为什么？因为虽然努力很重要，但是拉开人与人之间差距的却是努力的方向。

努力的方向是什么？就是要实现"高质量的勤奋"。尽量多做重要的事，少做琐碎的事。重要的事是一些与价值观、技能相关的，如在工作上创新改革的能力、与人沟通的能力、思维反应的能力……

不论是在职场还是在人生的各种选择中，选择方向比努力更重要。如果方向错了，努力的结果就是南辕北辙，越努力，离成功就越遥远。

确定目标是人生中非常重要的一件事。它能够帮助我们找到奋斗的方向，并且一直朝着那个方向为之努力。有了目标，我们才不至于走上过于偏差的道路。这里的目标不一定要多么远大，什么超过董明珠，赶上王薇琦之类的。而是根据自己目前的情况，确立短时期内可实现的目标。

当然，这个目标应该是富有成效的。那么，什么是有成效呢？并不是说为了这个目标就放弃了自己所有的兴趣爱好，一心扑到这个上面来，那样很容易产生精神上的疲劳，可能也会产生效率低下的问题。在一天中最有精力的时间段来进行自己最重要的目标，并且每天的时间不要过于长，否则容易产生反作用。

任何一个领域都能成功，关键是我们有没有选对方向。选一个自己的长项，并把这个长项坚持下去，如此才能不做低质量的勤奋，也将看到回报。

任何时候开始都不晚

大部分女性容易自我设限,觉得自己学历不高,所以不敢奢望更好的工作和前途。有些女性觉得自己年龄渐长,没有什么竞争优势;有些女性认为自己当了妈妈,要一切以孩子和家庭为重,所以不太敢放开手脚拼一把……这些顾虑就是自我设限。

投资家巴菲特说过:"我一直都知道自己会变得富有,我从未怀疑过这件事。"你可以想一下,从一开始就完全知道自己想要什么,并致力于该决定的人,迟早能够以某种方式得到他们想要的东西。通常你可以在这些人身上发现这一点,因为他们内心深处有着坚强的决心,并且一切都由决心所引导。

美国百岁高龄的摩西奶奶也说过:"做你喜欢的事,上帝会很高兴地为你打开成功之门,哪怕你现在已经80岁了。"摩西奶奶生于农村,她从来没有进过美术学校,76岁的时候才拿起画笔。在80岁的时候,她轰动全国,成为家喻户晓的画家奶奶。

没有什么事情是来不及的,关键是走出第一步。人生没有太晚的开始,只要迈出第一步就不晚。所有你想做而没有做过的事,和身份无关,和年纪也无关,真正的原因在于你根本不够喜欢,至少没有喜欢到让你不顾一切勇敢地走向它。那些所谓的理由,都只是你为了安慰自己而找的借口。我相信,只要足够想去做一件事情,就没有任何事情能够束缚你。请记住，什么时候开始都不算晚，你要做的就是从此时此刻开始改变，最好的开始就是现在。

25岁在大部分人眼中似乎是一道坎，除了结婚，好像什么都已经来不及了。很多25岁的人没有勇气再去尝试新鲜事物，更不敢谈遥不可及的梦想，就这样在日复一日的焦虑和遗憾中，度过漫长的余生。

很多人都有自己的梦想和喜欢的事，他们按照自己的生活方式去做自己的事。比如，50多岁的阿姨因为想体验自由的快乐选择了自驾游，走到哪里拍到哪里直播到哪里，既享受了生活又赚到了生活费；40岁的教师辞掉现世安稳的教师职业，选择了自己喜欢的摄影，拿着相机走遍祖国的大好河山；退休了的老夫妻卖掉了房子环球旅游。这些人为了自己的爱好勇敢迈出了第一步，开始了真正属于他们的自由生活。

我们必须全心全意地追求一些东西，以便有足够的决心和动力去实现目标。当我们觉得自己人生就那样了，对想做的事不敢做的时候，不妨思考以下几个问题：

你的人生梦想是什么？

这真的是你的梦想吗？还是别人为你制定的？

你在过这样的人生吗？

如果没有，你还仍然想实现它吗？

你是否正在尽己所能来实现它？

你有勇气承认这一点并对此采取行动吗？

如果钱不是问题，就是说你可以做任何事，那么你会做什么？

是什么真正阻止了你去做自己想做的事情？

你必须做什么才能实现目标？还需要做什么？还有什么？

当你的梦想是让自己变得有价值，那么就要审视一下自己目前的状态：身体是否健康，生活的心态是否积极，有没有赚钱的能力，有没有持续的学习力，找没找到突破自己的方向和领域。然后，你要有针对性地迈出第一步。例如，想保证身体健康就要运动和调节自己的健康饮食；想保证积极乐观的生活态度就要学会与人沟通，学会处理各种关系；如果没有赚钱的能力就要学有所长，掌握一项或两项让自己能够挣钱的技能等。这就是开始。只有开始才是最早的行动，只有开始，才有机会改变之前不太好的状态，一步步走向更好。

反惰性，多行动少抱怨

作家毕淑敏曾说过："女人变丑的那一刻，一定是从抱怨开始的。"抱怨意味着我们对身边的人、事、物不满而又无力改变，所以就会喋喋不休地挑剔和指责。说到底，习惯抱怨的人背后的深层原因在于自己没有能力改变，才期望通过抱怨别人，得到自己想要的结果。这也是一种惰性的表现。

如果我们对他人有许多期待和要求，一旦别人不能满足我们的期待和要求，我们就会产生抱怨心理。没有要求就没有失望，没有要求就没有抱怨，有了要求就可能有失望，有失望就可能会抱怨，更多的是担忧和恐惧。爱抱怨的人做每件事的时候都畏手畏脚，总感觉自己会出错，怕挨骂，于是就限制自己，但是更多的是以紧张甚至是压抑和恐惧的心理状态对待他人。另外，所有抱怨的人都没有能力，带着一种自暴自弃的心理。

很多喜欢抱怨的人其实是能力不够，或者是没有能力的，他在做一件事情做不好的时候，就喜欢把责任推到别人身上，抱怨社会，觉得别人和社会都给他太多的压力了，觉得周围的环境都不好。其实，这也是一个人没有能力的体现。

对自身条件有不满，我们就应该努力改进它，对别人不满，我们可以选择换位思考。当我们放下抱怨，尽己所能去努力时，就会赢得别人的尊重，同时也为自己找到另一条成功的路。当你抱怨时，你就是在毁灭你的当下，你也正在失去创造和享受生活的这一刻。人人都会遇到困难，遭遇不顺，有的人选择冷静下来寻找解决之道，而有的人却先逞口舌之快抱怨一番。也许抱怨会让人暂时得到情绪的释放，但很快就会发现，抱怨对解决问题起不到半点作用。抱怨就像空气充盈在生活的每个角落，如果你稍加留心，就会发现抱怨无处不在。我们抱怨父母不给自己留空间，抱怨朋友有事帮不上忙，抱怨同事干活不卖力，抱怨孩子不让自己省心……不能否认这些对他人的抱怨，有的时候会带来正面的效应，但更多时候，会引发出令人不快的局面，要么是无休止的争吵，要么是让抱怨成为习惯。适度的抱怨也许有用，但过度的抱怨并不会让你更如愿以偿。我们想成功，想达到别人无法企及的目标，就要少抱怨，多行动，最好是不抱怨，因为它只会浪费你的时间，让别人更难过。学会以宽容原谅处理问题，你会发现不仅别人对你的看法有所改观，原以为难以解决的问题，也都迎刃而解了。

考试考得不好，有人会抱怨，工作碰到不顺心的事，有人会抱怨。他们想到的都是不好的一面，总是在说："为什么会这样？"而有的人，考试考得不好，他们会吸取教训，改善学习方法；工作不顺心，他们会检讨自己的缺点，提升工作效率。无论面对多么糟糕的事，他们总是在想："怎样才能做得更好？"这两种人生活中都有，但大多数人属于第一种，属于第二种的人少之又少。成功的人都属于第二种。

越有能力的人，抱怨就会越少，做得就会越多，他们总是想办法提高自己的能力，总是处于积极行动的状态，很少在言语上过瘾。另外，抱怨是一种消极的心理状态，如果一个人经常处在消极的心理状态之中，那么很容易产生抱怨心理，并且很可能会因此对周围的许多人、许多事表示不满，因为他心中储存了那么多不开心或者消极的情绪，那么这些不开心或者消极的情绪，都可能会培养出抱怨的心理。相反，如果一个人的心态是积极的，情绪是开朗的，那么这个人就很少产生抱怨心理，因为他把精力和时间都放在更有价值的事情上，而不会放在没有多大作用的抱怨上。所以，有些人消极情绪不断，抱怨不断，有些人却总是积极乐观，富有行动力。

突破恐惧走出舒适区

有句话说：你本身碌碌无为，还安慰自己平凡可贵。大部分人都容易陷入碌碌无为的状态中，因为这是一种舒适的状态，舒适会产生"温水煮青蛙"效应。等到发现自己失去了竞争力，想要奋力一搏的时候，我们才发觉自己早已失去了能力。

有一个全职宝妈，在孩子上了幼儿园以后想创业，实现自己的人生价值，家人和朋友也都鼓励她勇敢尝试。她开启了自己创业筹备工作没多久，就在恐惧与焦虑中败下阵来。她害怕打拼事业就无法兼顾家庭，更无法好好陪伴孩子；又怕创业失败赔了钱，造成更大的家庭经济压力；更怕自己能力有限不能胜任，最后让投资打了水漂，让家人埋怨；还怕创业失败打击了信心，以后再也不敢创业。在这一连串的恐惧中，她放弃了创业的计划。后来，她自我安慰说一个女人带好孩子也是成功，不如守着平淡的生活过得知足。

事实上，很多人都会出现这种情况，因为在舒适圈里待久了，要么失去了斗志，要么失去了突围的能力。

所谓的舒适区就是一个人习惯性的行为模式和心理状态持续感到没有压迫感和紧张感，从而觉得安全。一旦突破这种安全和舒适，就感到紧张。比如，睡觉睡到自然醒让你感到很舒服，那么某一天让你早起就属于你舒适区以外的行为了；你不喜欢说话，习惯沉默寡言，让你主动开口跟别人聊天打招呼，就超出了你的舒适区范围。但是，让一个人具备生存能力的往往不是守在舒适区里，而是要扩大舒适区。那么，如何扩大呢？有专家定义了我们的行动状态，最外面的一层是恐慌区，因为我们不曾涉足，所以有着未知的恐慌；中间层是学习区，就是通过学习就能掌控的部分；最里层就是舒适区，是你完全能够掌控和熟悉的东西。恐慌区越大，个人应对生活的能力就越弱，舒适区越大，那么活得越游刃有余。所以，当你的能力越来越强时，你的舒适区就会变得越来越大，而学习区和恐慌区就会变得越来越小。我们不可能把这个世界上所有的事情都学会，完全消除恐慌区，我们只要不断地扩展自己的舒适区，提高自身的能力就行了，这才是走出舒适区的核心宗旨。

我认识一位阿姨。她50多岁了，以前在工厂上班，觉得生活太安逸了，于是利用下班的时间自学英语和坚持练瑜伽。最初，工友和家人都不理解她，觉得快60岁的人还学什么英语练什么瑜伽，全都认为这位阿姨是在瞎折腾，明明快要退休了，不安安稳稳领养老金过日子，还学习锻炼，不是给自己找压力嘛。可是阿姨没有放弃自己的想法，每天挤出时间学英语，每天雷打不动练瑜伽。后来，她和同龄人站在一起明显两个状态，非常显年轻。由于保持学习的习惯，阿姨的思维也非常活跃。明明快六十岁的人，人们都说她看起来气色和身材都保持得像 40 岁的年龄。当人们向她投以羡慕的目光时，禁不住问是什么动力促使她保持这年轻上进的心，阿姨淡淡地说："我不想让自己一眼看到头，所以想突破自己，让自己实现更多的可能性。"后来阿姨退休了，成了网红瑜伽奶奶，自己录视频教学，收了不少学员。她真正让生活变了一个样，不但自己活成了"年轻态健康品"，还成为很多中老年人的榜样。人生没有什么是不可能的，只要努力去做，就能扩大自己的舒适区。

我们要有一颗愿意挑战的心，有喜欢探索的心态，学着做一些没做过的事，尝试见一些没见过的人，试着在生活中埋一些彩蛋。只有这样，我们才可以自豪地告诉自己：不断突破舒适区，才是活着的最好证明。

信念有多强，行动力就有多强

意念是行为的种子，行为是种子的结果。如果心里有坚定的目标，就会体现在行动上。

唐僧能够坚持不懈 19 年，行程 5 万余里而不放弃，是因为他心中始终有一个信念和愿望：普度众生，把佛教发扬光大。在现实生活中，我们对于生活的激情全部来自对目标的追求：有的人为了成就事业而坚持，在商场上忘我地打拼；也有的人为了让女儿上学能够背上一个新书包，起早贪黑卖茶叶蛋。不管目标是什么，也不管目标的大小，但只要目标存在，就足以在很大程度上支撑我们前行。这个目标就是一个人内心坚定的信念，足以唤起所有的行动力。

哈佛大学曾在学生毕业时做过调查，发现27%的人没有目标，60%的人目标模糊，10%的人有着清晰但比较短期的目标，其余3%的人有着清晰而长远的目标。大多数人属于60%，目标模糊。比如，我想赚钱，不知道赚多少钱，只认为越多越好。未来三年我想买套房子，不知道是多大的房子，在哪里买，自己目前的收入水平怎样。房子可以是30万元，也可以是300万元，甚至是3000万元，差距很大，目标不清。每个人对目标的不同信念，决定最终能实现的结果和付诸的行动。

我们想赚更多的钱，想过上拥有诗和远方的生活，想拥有美好的婚姻，这些都是想法。如果不坚定想法，就无法变成信念。信念是我要赚多少钱（具体的数字），我要有怎样的生活（比如实现财务自由），我要美好的婚姻（人格独立与经济独立），只有把目标更具体更明确地进行规划，才能成为信念。

20年后，3%的人都成为了社会各界的成功人士；10%的人，大多生活在社会的中上层；60%的人，都生活在社会的中下层；剩下27%的人，在抱怨他人，抱怨社会，也抱怨自己。为了避免成为剩下的27%的人，我们需要给自己制定目标，规划自己的人生，让自己充满信念，然后付诸行动。

那么，一个人的信念都包括哪些呢？

1. 不但自己要成功，还要带动别人成功的企图心。让自己成功是小成功，让更多的人成功是大成功，而且这样的信念往往更容易让自己成功。最初你给自己的信念就是带动别人，那么你的格局就明显大了很多。一个人格局越大，行动力越强，最终成功的概率也越大。你的目标应该是发自内心的，你要写下完成目标的十大理由，告诉自己为什么要完成这个目标，对家人、对自己的发展有什么好处，对公司领导怎么样。写出十大理由，先说服自己。只有抱着这样强烈的企图心，才能不达目标不罢休。

2. 超强的自信心。无论遇到多么大的困难都不怕，这叫超强的信心。遇到困难就退缩了，说明信心还不是很强。人都拥有一些自己想象不到的能力，任何工作也都有意想不到的乐趣。涉世不深的人或许还不相信，然而真理就在那里。最初我一直认为自己说话不流畅，不适合做演讲，所以不敢公开演讲，但我经过自己给自己信心，成功演讲几千场。我以为自己不可能当管理者，但在一次次给自己定任务并超额完成后，我喜欢上了管理这一职位。以前，我以为演讲只是传播思想，而现在发现经由自己的思想改变别人，带动更多的人去改变和传播他们的思想，这是一件更有意义的事。所以，超强的信心是一剂良药，能治病，治怯懦和畏首畏尾的病。其实，世上没有难解决的事，关键看你有没有自信心。

3. 把信念转换成快速的行动。有了目标和信心，还要有好的方法和快速的行动，这个很关键。把宝贵的时间运用于战斗的第一个关键点，是尽可能把自己的时间变长。所以，无论做什么都应该全力以赴。要想全力以赴，就要找到有效的方法并快速行动。一个人的力量毕竟有限，学会动用各种人际关系和人脉资源才是好的行动指南。

第5章

领导力：致力于看得见的行为改变

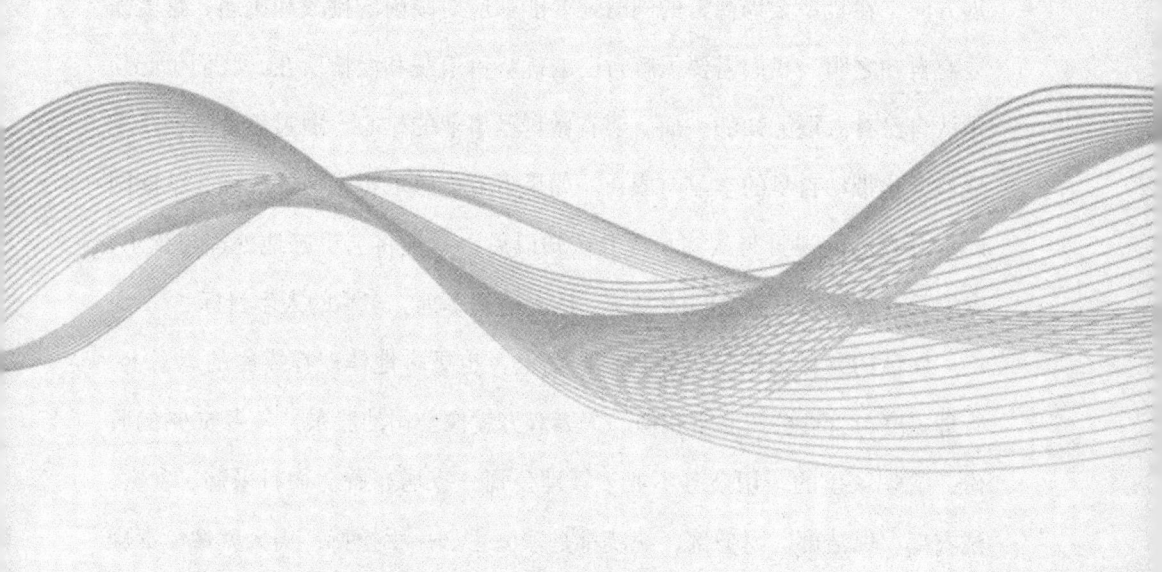

女人要做自己的CEO

每个人都是一家"无限责任公司",与世界进行价值交换。我们每个人都是自己的CEO,用一生的时间来经营自己,追求成功。曾经站在管理职位上的人多数都是男性,随着社会的发展,女性也渐渐出现在世界上更多的领域。当你成为这个社会的中流砥柱时,我们就知道,男女平等这件事一直都在往前进化,所以女生要更自信一些,要去争取属于我们的权利。女性无论如何都会成为一个CEO,你不经营公司,你也会经营家庭,最基础的还是要经营好自己。所以,女性怎么能不学习不努力呢?

那么,CEO要具备的特点是什么呢?要保持广阔的视野,明确事业发展方向,在具备全局视野的同时还要能够应对眼前的挑战和机遇,这就需要有自知之明。我们需要了解自己的优势价值观和激情所在,我们也必须承认自己有傲慢无知的一面。要有做自己事业的雄心,通过事业的稳步发展最大化带动自身的学习与成长。如果事业能够取得出色的成绩,就能同时提升自己的视野与认知,提升认知以后,女性将会更好地处理与孩子、家庭和自身发展三者之间的关系,从而达到幸福、多赢的人生目标。

女性的领导力不仅仅体现在职场上,也更多地体现在家庭的运营上。管理家庭与管理公司非常相似。夫妻双方就像公司的股东,各占50%的股份,管理家里的一切杂务不亚于管理公司,家居布置、物料采购、食堂、洗衣部、保洁部、财务部,统统都是家庭主妇一手操持,男人就像负责赚钱的业务员，女人在家还要给业务员情感安抚，有了孩子，还要照顾孩子，负责这个新员工的培训和管理工作。所以，女人不就是一个 CEO 吗？

女人要做自己的 CEO，可以帮助女人达到内外平衡兼修，实现智慧富足的人生。一般有两个方面的平衡：一是形象气质的外在平衡；二是自我管理的内在平衡。

何为外在平衡？你有天使的容颜，也有魔鬼的身材，这叫平衡。如果你有好看的容颜，却有肥硕的身材，或者有魔鬼的身材却配了一张难看的面孔，就是失衡。脖子以上的面部发型和脖子以下身形的平衡称为人体平衡，所以管理自己就是哪里不平衡，我们就去修炼哪里。当人体平衡后，还要考虑人体与服饰的平衡，人体与服饰的平衡有多重要？举个例子，一块矿石放在无人问津的地方，就是一个不起眼的玻璃碴儿，而放在高档首饰里，就是价值连城的钻石；一个牛皮包包，放在普通的柜台就值几百元，放在奢侈品柜台，贴个 logo，它就值几十万元。这就是你的价值。女人就是一份精致的礼品，如果包装很精致，你会很期待打开，如果包装得凌乱难看，你的兴致会大打折扣。相信很多收过快递的人都能感受到，一个糟糕的包装会使你的心情骤降，你甚至开始怀疑里面东西的质量，如果是一个整洁还系着礼品袋蝴蝶结点缀的包装，在没看到东西时，你就好感爆棚了，即便里面的东西有小小的瑕疵，你的心情都不会太差，甚至会说服自己接受。外在平衡不能忽略包装的重要性，服饰就是人体的包装。这些外在的平衡是为帮助你切实地获得美丽自信、精致、优雅，使你的生活变得更加井然有序，好的机遇会接踵而来，快乐始终伴随你。这一切将帮助你打通幸福的任督二脉，最终帮助你获得更深层次的幸福。

内在的平衡就是自我情绪管理。做一个平和理性的人，不要动不动就歇斯底里。

成年人一生的运气，都藏在这四个字里：情绪稳定。拼情商、拼修养，说到底拼的是情绪稳定。

比起挑战规则所带来的后果，情绪稳定才是成年人性价比更高的选择。情绪总是轻易失控，很可能导致人生失控。

无论你身处何时何地，都请记得做个情绪稳定的人，对自己和世界负责。

当女人实现了外在的平衡与内在的平衡兼修，就会成为合格的管理者，首先能够管理自己，其次通过管理自己去影响别人。

全职妈妈也是家庭的领导者

提到全职妈妈，大部分女性会觉得那是一段不堪回首的岁月，意味着失去自我，意味着与社会脱节，意味着陷在家务里无法脱身快要窒息，意味着婚姻可能出现变故，意味着丈夫的不理解，意味着身份卑微甚至再也没有出头之日。可以说，这些都是全职妈妈面临的最真实的问题，但也有不少全职妈妈虽然不像职场妈妈那样有朝九晚五的正规工作，但依然凭着自己的能力做出了成绩，成了家庭的领导者，把家管理得井然有序。

有一位妈妈生孩子前供职于某知名公司，有能力，前途无量。生完宝宝以后，她辞职做了全职妈妈。辞职的时候，公司一把手找她谈话，告诉她不要轻易放弃工作，因为成为没有收入的全职妈妈生活会十分被动。但她谢过领导的好意，并对他说："在职场是我的选择，回归家庭抚育宝宝也是我的选择，我会对我的选择负全部责任。"

就这样，她义无反顾放弃了高薪回家带娃。正式回归家庭以后，她对爱人说："以后，家庭财产，包括你的银行卡、奖金等，都要交由我管理，并且每个月还要给我发零花钱，甚至奖金。"丈夫开玩笑地说："你这不是辞职，倒像是升职。"

她回答："当然。如果你不同意，你就回家带孩子，我的钱全交给你。"就这样，丈夫默默认可了这样的条件。

如今，她当全职妈妈已经快十年了，孩子顺利地从幼儿园毕业，进入了小学，眼看小学都快毕业了。闺密都替她着急，为什么放着大好的才华不投入职场，而要把自己圈顿在家里围着锅台、丈夫和孩子呢？

事实上，这十年间她的身份是全职妈妈，但做的事情比管理公司还重要。她是家里的领导，管理着上有老下有小的家庭的方方面面，并且使家庭运转得十分良好。丈夫因为不用操心家里的事，而把更多的精力用在工作上，升职加薪了；孩子因为妈妈每天打理的家温暖又舒适，学习特别好，从不让人操心。她从不觉得自己离开了事业女性的团队，而觉得自己依然是独立、坚强、自信、智慧的职业女性，只是换了一个战场，换了一种方式而已。她身上的自信，来自她真的在用管理公司的标准要求自己和家人。一个公司最重要的是什么？现金流。如果你辛辛苦苦，连买件500块钱的衣服都不能自己做主，你的自信和志气就会慢慢被磨掉。

她运用智慧和能力，在自己没有收入的情况下，依然非常自信地掌握着家庭的现金流，打理着家庭的各项开销，真正把全职妈妈悲催的一面演绎成了领导者的正面教材。

还有一位妈妈，曾经是幼儿园教师，在孩子1岁多的时候，因为公婆身体不好，自己的父母又不能过来帮忙照顾孩子，于是只好把孩子送到爸爸妈妈那里去照顾。其实这样的家庭在中国社会特别多，爸爸妈妈都要工作，孩子很小又需要照顾，于是只能把孩子送给爷爷奶奶带。没有陪伴孩子的心结越来越折磨着她，后来她做了一个决定——辞职陪孩子。人生可以任性大胆，作为母亲她愿意停下脚步，多陪陪孩子。孩子半年没上学，天天和妈妈出去玩。等到小儿子出生以后，她决定好好陪孩子们，打算什么都不做，一直到他们长大。但是随着日子过去，以前工作的疲劳感消失了，有句话说女人真的很贴切叫"好了伤疤，忘了痛"。特别是在生孩子这件事情上，生第一胎的时候痛苦得死去活来，诅咒发誓再也不生了。但是过了一两年，看见孩子这么可爱，又希望孩子有个陪伴，生二胎的念头就越来越强烈。

这位妈妈本身特别喜欢教育，在孩子长大后，把孩子送去幼儿园，就有了更多空闲时间，就又想做教育了。她进入了人生新阶段，再次有了更多空闲时间。相信很多全职妈妈都会进入这个阶段。有的妈妈继续全身心投入家庭，有的妈妈自我精进，有的妈妈再次步入职场。但是她纠结了很久，毕竟当初辞职就是为了家庭放弃了事业。在没有老人帮助的情况下，如何平衡家庭、孩子、事业成了大问题。但是，她觉得人生还是要做自己想做的事情，于是跟老公提了自己的想法，老公挺支持她，告诉她："就算亏了，当作体验了一把，也值了。"

这位妈妈从放弃事业，到慢慢开始平衡事业与家庭，做一份小小的、热爱的事业，让她找到了平衡点。在准备了大半年后，她终于打造了一家绘本馆。每本书都是她看过之后觉得很不错的，用了半年多时间亲自挑选绘本馆的每本图书，同时成立了家长阅读群，交流阅读心得，推荐好书。

绘本馆在她的精心打理下实现了盈利，并且让她有了更多的时间陪伴孩子，同时跟不少妈妈产生了互动，给她们传授育儿心得，举办读书沙龙，妈妈们有了消极情绪也可以互相倾诉排解。就这样，一个大胆放弃工作的妈妈，最后成功地把自己变成了管理者和经营者。

对于全职妈妈这一特定的人群，我们要重新去审视和看待。全职并不意味着失去自我，并不意味着在家里失去话语权和成为"伸手族"，全职给予妈妈们更多的思考空间，也能给予妈妈们更多的成长历练。女性在公司管理员工，在家里也能成为管理者，管理一个家庭不比管一个公司更容易，全职妈妈们要拥有更多自信，好好经营自己的一方天地。

女性既要柔韧又要有力量

在21世纪的今天，女性已经逐渐跳出了传统的条条框框，拥有了选择工作的自由，尤其在管理领域尤为显著。从前，商界是男人的天下，现在女性也开始在商界拥有一席之地。《财富》杂志日前揭晓了"全球最具影响力的50位商界女性"排行榜，除了Facebook公司COO谢丽尔·桑德伯格、雅虎公司CEO玛丽莎·梅耶尔等硅谷女强人之外，格力电器董事长兼总裁董明珠和SOHO中国CEO张欣也代表中国商界女性上榜。这些女性正在改变全球的管理层力量。

在传统社会中，世界形成的格局是"女主内，男主外"。随着从工业社会的"力时代"走入信息经济的"她时代"，我们女性生理上的劣势正慢慢淡化，而作为女性所拥有的感性思维所表现出的敏感、亲和、细致和包容正越来越被重视和重用。这些都形成了女性特有的柔韧，这是女性能够脱颖而出的根本。

回想我多年来遇见的人，我发现：真正优秀的女人，大都既有女性柔韧的一面，又不失力量。她们兼具女人的感性与男人的理性：很温柔，但内心怀有坚持；有温度，又不失智慧和胆量；保持独立，又女人味十足。

Facebook夫人普莉希拉，有媒体说她"其貌不扬""身材平平"。那么，是什么原因让扎克伯格对她如此着迷呢？原来，13岁时，她问老师怎样才能上哈佛，老师也不确定，只是回答体育要好。为了这个目标，小姑娘开始学习自己并不擅长的体育项目，丰富自己原本并不丰富的简历。几年后，她成功入学哈佛。20岁那年，扎克伯格问她要不要加入FB，她却摇头拒绝说：我要成为一名医生。我们携手应对未来，却绝不能过于依赖。我不会借着你的光芒让我备受瞩目。她一步一步，继续啃食书本，最后顺利毕业，取得优秀医生资格。

女人一旦具备了柔韧与力量，于自我，是一种取悦和善待，能将自己的生活打理得井井有条，能将自己的欲望填补得妥妥帖帖，自给自足，自怡自乐；于他人，不过分去依赖，不过分向他人索取。比起女性的"美"，多了一份英朗；比起男性的"帅"，多了一份娇媚。学会一边用女性的细腻思维爱自己，一边用男性思维面对这个世界。当我们将男性品质和女性优点集于一体，就好像给心灵装上了双重系统，这样的女人又怎么会过得不精彩呢？

前两年，我出国旅行，和飞机上邻座一位美女攀谈起来。闲聊中，我得知她是某个知名企业的高管。看着她吹弹可破的肌肤，我心里忍不住感慨：年纪轻轻就做了跨国集团的高管，真是了不得。后来，我才知道，人家早已经过了40岁，是两个孩子的妈了。这立刻让我更加心生敬畏，问她怎么搞得定工作和生活的平衡，还能让自己保持如此青春的状态。这位漂亮的女士告诉我，她每天的24小时都被严格划分成条块状，每天2小时运动、2小时陪孩子、7小时睡眠，剩下的时间用来处理工作和自我增值。她说，认识她的人都笑称她是外表柔美的女汉子。

著名心理学大师荣格曾经说过，我们每个人的心灵结构都被上帝预装了一套双系统：在女人娇柔的灵魂中，藏着刚毅的男性原型意象。但是在社会化的过程中，我们为了显示对自己的性别认同，潜意识里会有意遮掩自己身上的异性气质，从而戴上人格面具。例如，女性尽力展现自己的娇媚，而把自己担当和坚毅的一面悄悄隐藏起来。

在修炼格局的过程中，我们要把自己内在的男性的一面调动出来，既要有女性的柔美，也要有男性坚强的一面，这样才能游刃于这个世界。

我们对世界宣布，"职场是我们的舞台，感知、富有情怀、同理心就是我们女性的武器"。我们用消费改变市场，也用感性引领市场，这是我们柔韧的一面。但是我们不要给自己贴上"我是女性"的标签，而是要拥有像男性那样的力量与坚强，面对生活和工作中的风雨。

让自己发光，别人才会被点亮

有句话说，你若盛开，蝴蝶自来，这句话用在生活中、职场中、人际交往中都很适用。只有让自己发光，别人才会被点亮、被吸引，如果你是个领导，别人就会追随你。无论是吸引力法则还是人脉法则，只有你自己先具备了能量，才能聚集更多有能量的人。

很多人烦躁焦虑，脾气不好，看人不顺眼，从更深的层面看，这都是缺乏能量的表现。他们缺乏自我排解的能量，缺乏不受外界干扰的能量，实际上，他们的身体天天都在呐喊，天天都在抗议：请看看我，请关心我，我需要爱，我也要去爱别人……

真正自带光环的人是什么样的呢？

我觉得就是内心能量可以平稳地输出和输入，没有心理逆转，没有跳闸，没有短路，也没有接触不良的那种人。健康的人能释放出明亮而祥和的能量场，这种能量场具有强烈的亲和力与吸引力。当我们打开心门后，以散发着平和之光的心灵来对待自己及身边的人、事、物，我们的内心就能获得永久的平和，我们就能真正领略到人生幸福的真谛。

每个人都是构建和谐社会主体中的一个重要组成部分，我们身兼孩子、配偶、家长、领导、下属、同事等多重角色。在激烈的社会竞争中，我们要把所有角色演绎成一道道亮丽的风景线。因此，我们更要重视身心的健康和谐，以个体人生的和谐推进整个社会的和谐，做有温度的人。

具备光环与能量的人，一定是身心都很健康的人，身体健康的重要性无须多言。对于心理健康，我们更应该了解以下四个标准。

第一，要能够体验到自己存在的价值，既能正确了解自我，评价自我，又能接受自我，对自己的能力、性格和优缺点都能做出恰当的、客观的评价；在努力发展自我的同时，对自己无法补救的缺陷，也能泰然处之；自己给自己定的生活目标和理想目标切合实际，从不产生非分的期望，也从不苛刻地要求自己。因而，不会同自己过不去，不会因为理想和现实的差距过大，而产生自责、自怨和自卑等不健康的心态。

第二，心理健康的人不仅能够接受自己，也能接受他人，悦纳他人，并为他人和集体所理解和接受，能与他人友善沟通交往，协调人际关系越来越和谐。

第三，能够面对现实，接受现实，并且能适应现实和改造现实，而不是逃避现实。能客观地看待周围的事物和环境，既有高于现实的理想，又不会沉溺于不切实际的幻想和奢望中；同时，对自己的力量充满信心，面对生活、学习和工作中的各种困难和挑战，都能妥善处理。

第四，在人格结构中的气质、能力、性格等方面和理想、信念、动机、兴趣、人生观等方面能够平衡发展，并完整、协调、和谐地表现出来；思考问题的方式是适中与合理的，能够与社会的步调合拍，也能和集体融为一体。

当人的心理现状是健康的，身体就会因情绪的乐观和积极而具备正能量。

当一个人的身心完全放松，情绪平和，表情柔软，声音不再充满抱怨和暴戾的时候，整个人外显给别人的状态就是"善良美好"的。

一旦达到"善美"的状态，那么作为儿媳妇就不再挑剔公婆的不对，作为妻子就开始理解丈夫，作为妈妈就更有耐心和爱心陪伴和影响孩子，作为领导就能帮助和带领下属一起成功。就这样，生活处处美好和谐。

如何平衡工作和家庭

虽然女性在工作中有了自由选择的权利，在管理层也有很多做得优秀的女领导和企业家，但总体来讲，在企业的领导层或者说是高管层中，男女比例往往不是平衡的。据统计，在世界500强企业中，首席执行官这个岗位仅有40%是女性，在其他高层管理岗位和董事会成员中，女性比例不到20%。此外，男性和女性升职的机会也往往不是平等的，准妈妈和生育年龄的女性常常被明里暗里排斥在晋升之外，即便侥幸在职场中留有一席之地，也常常被考问如何平衡家庭和工作等问题。

在其他条件相同的情况下，职场女性的事业发展往往落后于男性，很多女性不敢追求梦想，总想着自我牺牲来照顾家庭。追溯这背后的原因，其实是女性在社会舆论与价值观下做出了无意识的妥协。所以，作为女性，在追求职业发展的同时，如何平衡工作和家庭就成了更加重要的命题。

举两个例子。第一个例子。有一位妈妈属于公司的管理层，平时工作非常忙，导致对家庭的投入很少，使婚姻陷入危机，不知道怎么办。有时她会抱怨工作很忙很辛苦，有时又觉得家人不理解她，认为她当了妈妈应该把重心放在家里，而不是全心拼在事业上而忽略了家庭。第二个例子。一位朋友最近面临的一个问题，即父母不能替她照顾一岁多的孩子，丈夫劝她放弃工作，在家做全职家庭主妇，她很矛盾也十分焦虑，担心自己以后再次进入职场会很困难。

这两个例子非常典型，代表着大部分女性面临家庭和事业无法取得平衡的难题。事实上，再强大的人也难以做到家庭和事业都完美，没有绝对的平衡，只有相对的平衡。女性承担了很多责任和压力，如果过分逼迫自己在家庭和事业上都追求完美，往往会让自己承受双重的压力。一方面，女性担负生儿育女、哺育幼子的职责，被附加了许多家庭角色要求，无形中女性压力就被层层叠加。另一方面，女性也渴望拥有自己的事业，实现经济的独立。这种双重角度会让女性承受双重的压力，男人只要事业有成就会被认为是成功的，而女性同样在事业上崭露头角，只要稍微对家庭有所松懈，就要承受没有扮演好"贤妻良母"的压力。如果女性把大部分精力和时间用在职场工作中，又没有及时沟通，丈夫就无法理解妻子，也不支持妻子。这使得职业女性长期处于双重角色的矛盾冲突之中。

所以，职场女性如何平衡自己的工作和家庭是一个比较难以解决的问题。女性不能太过苛责自己，我们可以在职场上赢得80分，在家庭赢得60分就可以，不给自己太多的压力，带着轻松的心态去兼顾二者，反而能起到更好的效果。

有人曾经问我："在你的教育生涯中，在你所有见证过的案例中，你觉得现代女性最需要的是什么呢？"

我觉得，现代女性，尤其是创业中的女性，她们最需要的是坚持到底的精神。因为女性在职场中或者是在创业的过程中所受到的影响，相对于男性来说，会更多一些，尤其是作为母亲的女性。在我看来，她们有时不能过度去关注他人的看法，还要去坚持走使自己更好、更进步的这条道路。只有在那条坚持发展自我的道路上坚持下来，女性才会不断发现自我的价值。

很多女性会担心地说：我现在是全职妈妈，我需要照顾孩子。我经常会听到这样的声音。每一次看到这样的母亲，我都会觉得心疼，因为我能够从她们的眼神中看到她们对外界社会的向往和渴望。每一次遇到这样的女性时，我们就会鼓励她们：一个妈妈不需要24小时全天候陪伴孩子，你也可以选择一种非24小时，但却是高质量的陪伴。俗话说，一流的母亲做榜样。所以我们希望更多的中国母亲，不分职业和收入高低，都能去做并且真正成为孩子们正面意义上的精神和行为榜样。那个时候，我们对孩子们的正面影响可能会更大。

那么，具体该怎么做才能使工作和家庭平衡呢？

第一，要修炼自己良好的沟通力。有事业的女性往往会表现出更独立、更自我的一面。由于经济独立，所以她们在家里不会看人脸色，也不会跟人伸手要钱，讲话的口气和态度不自觉会强硬。这样的状态往往会让夫妻的沟通不太和谐，如果家庭和事业出现矛盾，家人之间，尤其是夫妻之间要互相理解。当丈夫为了事业无暇顾及家庭时，妻子要理解；反之，当妻子忙于事业无法顾及家庭时，丈夫也应当理解妻子。也许你白天忙得不可开交，但是一定要利用好晚上下班和休息的时间，好好地跟全家人谈谈心，谈谈对各自的看法，争取每个人都进行批评与自我批评。这样长期延续下去，全家人的关系才会更加和谐。当然，批评的时候，要虚心接受。

第二，不要把职场上的"领导范儿"带回家中。女性在职场上成为管理者的大有人在，不管在职场上如何叱咤风云，回到家中便要放下管理者的状态，回归妻子、母亲、儿媳的角色，不能对家人板着面孔发号施令、颐指气使，这样不但不具备领导的智慧，还会让家人受委屈。在家庭中，要学会以柔制刚，要注重夫妻之间的沟通，要了解两性的性别差异，善于以对方角度考虑问题，努力营造和谐温馨的家庭氛围。

第三，持续的学习力让自己成长。如果想在事业和家庭之间达到平衡，离不开能力，这种能力是如何得来的呢？通过不断学习而得来。无论是事业上的专业知识还是家庭方面的情绪和沟通力，都需要提升。如果成家之后或做了母亲之后就不再有进取心和上进心，那么不但会对工作造成影响，同时也会给孩子树立不良的榜样。放弃主动学习，久而久之，因为过于依赖家庭，工作能力就会相对下降，无法满足工作的要求。为了满足职场的要求，女性需要掌握更多知识，提高工作能力，用持续不断的学习积极地应对角色转换中的冲突。

第四，越是忙碌，越要关注身体健康。有些人在不同领域都能把事情处理好，他们不但具备高超的能力和知识，更是身体健康。试想，一个人如果身体疲惫，怎么可能积极快乐呢？一个不快乐的人又怎么可能不影响工作状态和家庭呢？所以，女性要在忙碌的工作和家庭事务中抽取一点时间锻炼身体，关注自身健康，减少家庭负担，减少自己在角色转换中身体不适所带来的困惑。

想领导别人先修自己的格局

无论是当大领导还是小领导，只要能当上领导，往往已经具备了普通人所不具有的格局。所以，想拥有领导力，要先修格局。当一个人的格局足够大时，他的气场就大，那么一切问题都会变成小问题。很多成功的人，不是因为赶上了机遇，而是靠着自己的格局。

一个有格局的人会处事，有着广泛的社交圈，家庭和事业也都能做得顺风顺水。

我有一次坐高铁，认识了邻座的朋友，她给我的第一印象就是人特别和善，与她对视总是看到她淡淡微笑。那天，车厢里有几个相约一起出去旅游的宝妈带着孩子，孩子四五岁。孩子太多，很吵，我有些睡不着。她看到我有些烦躁，迅速递给我一个小袋子——里面装着一副发热眼罩与两只防噪声耳塞，那是她的出门必备。从此，这两件宝物也成了我的旅行必备。那一路，尽管车厢里不安静，但我却睡了一个安稳觉。到站的时候我和她互加了微信，才知道她是一位公益大使，做出了很多成就。后来我们一直保持联系，由一面之交变成了朋友，在我眼里，她是个十分有格局的人。

我在一本书上看到过这样一句话："心有格局纳百川。"为人处世，我们需要处理的事情很多，也正是在待人处世时，才能够彰显出我们到底有什么样的品性。

有格局的人不是不会遇到糟糕的事情，而是有能力将糟糕的程度降到最低。

我听朋友讲过一件事。有一次，她去乘公交车。由于司机和乘客发生了矛盾，司机把车停在了路边。引得公交车里的其他乘客也开始抱怨，人人脸上都露出了愤怒的表情，一些人甚至开始大骂司机和乘客。然而，在所有人都在指责司机和乘客的时候，一位女士走了过去。她并没有像其他人那样抱怨自己的时间被耽误了，而是对发生冲突的司机和乘客报以理解。她冷静地分析了事情的来龙去脉，完美地解决了司机和乘客的矛盾，还非常耐心温和地安抚了情绪失控的其他乘客。整个过程中，这位女士都表现得淡定从容。

她眼中的冷静和嘴角的笑容给朋友留下了深刻的印象，朋友和我说到此事的时候，不禁感叹："这样的人，有着包容他人错误的能力和处理事情的大局观念，是很容易使人信服的。"

如果不是这位有处事能力的女士化解干戈的话，事情也许会有不同的走向，甚至产生更大的安全隐患。

网络上曾刷屏的重庆公交坠江事件，同样是乘坐公交车，一位急躁的妇女由于和司机发生了口角，抢夺司机的方向盘时，导致公交车上15个鲜活的生命全部葬送。这是血淋淋的教训，也让人唏嘘没有格局不会处事的人，在关键时刻有多么可怕。

作家栩先生说："所谓格局，其实就是你眼界的广度、思维的深度、追求目标的高度，以及你身上所体现的从容大度。"只有提高这四个"度"，放大人生的格局，你才能自在从容，有所成就。

一个人一旦具备了格局，往往会绽放出很强的人格魅力，这种魅力会影响身边的人，也会吸引身边的人，自然而然地得到别人的认同与接纳。一个被认同与接纳的人，往往就具备了很强的领导能力。

绽放人格魅力，修炼吸引力

有的人，我们与之待在一起，即使话不多，也会感到轻松愉快；有的人逢人便滔滔不绝，但却总想让人与之拉开一段距离。出现这些不同情况的原因是什么呢？主要就是人的吸引力和气场。有时我们确实感觉得到，有一种人无论出现在哪里，都能立即成为众人瞩目的焦点。即使他们不言语，就那么坐着，也带给人一种特别的感觉，给人留下深刻的印象，甚至还能令人毫无保留地对他产生信任感，这就是人格魅力和吸引力。

气场与外貌漂亮与否并没有什么关系，关键是看你能否通过自己的面部表情、形体动作和语言展示迷人的个性气质。真正能打动人的是气场，而不是外貌。

什么样的人才具备人格魅力并具有吸引力呢？比如，特蕾莎修女的慈悲大爱，张爱玲的才华，赫本的纯粹，杨绛先生的知性等。这些不同的女性都有着相同的人格魅力，都让人感觉到了强大的气场与吸引力。她们的思想、状态和对事物的观点和看法，决定了她们的表情、行为和表达方式，也决定着她们处理事情的方法，甚至影响了她们人生的走向，并影响和改变了很多人。

女性的人格魅力和吸引力需要通过提升自己的内涵来读懂人心，也通过内涵去理解人性。一个有内涵的人往往是具备人格魅力的人，同时也会形成独特的吸引力。

那么，如何修炼自身的吸引力从而成为有魅力的人呢？

首先，做真实的自己。真实可以说是一个人最大的能量，一个有吸引力的女性首先来自内在的真诚与真实。真实是一种力量，是内在世界的自我流露。如果你想要成为有吸引力的人，最重要的是学会做真实的自己，真实自在的人即使置身于人群中也会带有独特的魅力。人人都渴望和自在的人相处，如果一个人有控制欲，就会给别人形成被控制的压力。而一个真实自在的人，往往能够吸引别人靠近。当我们在某个环境中能够自在相处的时候，我们就能够驾驭环境，并且和这个环境合为一体。特蕾莎修女被誉为全世界最有爱的人，是因为她在和人沟通时，她内在的平静散发极大的吸引力，即使不言语也能无形中感化别人。所以说真正有吸引力的女人，首先要真实，她们不需要假装和刻意，而是自然地和他人相处。做一个真实自然的人，并不需要大声喧哗，更不需要去证明。真实自在的人懂得和环境融洽相处，会在任何环境中都保持良好的态度，既不生硬，也不会紧张。

其次，要做一个具有同理心的人。人只有具备同理心，才能读懂对方，真切地理解他人。每个人都希望得到别人的理解与接纳，当你能够对他人生起理解和接纳之心的时候，就能与人建立连接。你越是能够读懂一个人，你越能够吸引对方靠近你。在这个世界上，每个人都渴望被理解，被接纳，被认同，所以当每个人能够理解对方的时候，就能在其中找到自我价值。一个具备同理心的人往往会放下自我的成见，不去批判别人，而是表现出全然接受的态度，能够读懂对方的需求，能够感受到对方的心情，从而换位思考，对他人感同身受。这样的人，谁能不喜欢、不靠近呢？一个有吸引力的女人没有成见，和她交流的过程就是思想碰撞的过程，所以才会带来一种全新的自我审视和自我深入的发现。

最后，吸引力和魅力来自持续精进自己。一个女人想要拥有吸引力，还要懂得持续精进自己。成长是一个长期的过程，有心力的人并不会把自己所有的生命力都放在他人身上，而是会通过精进让自己具有较高的能量。精进自己的人不会长久停留在过去，更不会因为眼界无法拓宽而束缚自己。在精进的过程中，她们会不断扩大自己的认知与能力、眼界与心胸。

想要成为具有人格魅力和吸引力的女人，可以从我上面所说的这些方面持续地修炼自己。如果你能够不断地成长和学习，你自然就会拥有长久的魅力！

领导力来自知识、见识和胆识

见识是什么呢？是一个人的眼界，也就是指一个人是否见多识广。眼界在很大程度上与我们的成长经历和自身阅历有着必然的联系。法国民间有句谚语："你曾经走过什么样的路，决定了你未来要在什么样的路上走。"意思是说，你以往的经历影响着你的见识和眼界，而你的见识决定了你人生中各种各样的选择。很多时候，一个人能否成功，努力固然非常重要，但若能在见识影响之下做出明智的选择，则往往能够事半功倍。

一个人想要具备领导才能，离不开知识、见识和胆识。知识是人们在改造世界的实践中所获得的认识和经验的总和，见识是见闻知识，胆识是胆量和见识。我们的知识大部分是书本上得来的，基本上属于理论范畴，在知识基础上有一定的实践。知识是人的能力和魄力，是才华和知识的集合。知识的内容包罗万象，所涉及的范围非常广泛。见识是我们平日里对周围人、事、物的观察思考和积累的程度，是一个人通过参与社会实践所获得的认识和经验的积累。那些拥有丰富经验的人往往见多识广。此外，见识还意味着一个人对事物认识的维度及深度。人对事物的洞悉能力和感知能力常常来源于他的见识。

常言道，"读万卷书不如行万里路，行万里路不如阅人无数，阅人无数不如重叠成功人的脚步"。把学到的知识直接或者间接地在实践中加以运用和阐释，借鉴正反两方面的经验，遇事多分析多总结，自然减少了无知和盲目举动，以及不知所措的愚蠢行为，这就是见识。当一个人有了知识和见识，胆识也就慢慢变得强大起来。具备胆识就是胆力和坚持，也就是提升到信念的高度。有胆识的人如果能再往前走一步，知道自己觉得应该做成哪样，并将这种想法提升到信念的高度去实践。

一个女人的见识，既不单指见闻，也不限于知识。但肯定是从学习知识、增长见闻中起步的。见识，是对客观事物的综合认识、理解和判断能力，它包含眼光、见解、思维方式、分析能力，包含对历史经验的总结和应用。任何女人都需要成长，这种成长既表现在生理、心理的逐渐成熟，也体现在知识的丰富、才华的卓越上。从这个意义上说，女人拥有了知识，也就拥有了超越自我的手段，拥有了一把永远年轻、永远美丽的入门钥匙。一个被知识装备了的女人是与众不同的。她会变得格外通情达理，她会更加看重女人的独立和自我的价值，她会对世界多几分本质的了解……因而，她比一般的女人沉着、开朗，更多几分可爱的书卷气。她们的美也显得更加动人和深刻。

眼界连着一个人的心，而心中的所思所想恰恰影响着这个人的格局。因此我们不仅要时时处处拓宽自己的眼界，还要把看到的事情内化成强大的动力，从行为上体现出改变。在这个过程中，我们还要注意对信息加以鉴别，将那些无用的、有害的信息及时剔除，要抵制住一些诱惑，不让它们影响我们做决策。

现实生活中，见多识广的人往往自带光环。她们因为眼界宽广，对人性、人生有深刻理解，所以总是非常善解人意，性格宽容随和，举手投足间流露出一种让人舒服的大气。我们要成为这样的人，其实并不很难。我们所需要做的，就是尽可能地开阔眼界，然后将收集到的信息内化，从而形成有建设性的行为。当你因为眼界的改变，做出了一些对自我有所突破的事情时，你的格局就会在不知不觉中改变。只有身体力行，眼界与格局之间才会架起一座宽阔平坦的桥梁，让你向着成功大步迈进。

女人要想运气好，就要赚钱、变美和读书。这是我一直倡导的女性人生理念。先有赚钱的能力，才有变美的能力，然后用知识武装自己，让自己变成一个由内而外都美起来的女人。那样，无论走到哪里，无论到达什么样的人生境界，我们都有胆识去面对。

第6章

影响力:
拥有强者的沟通方式和领导风格

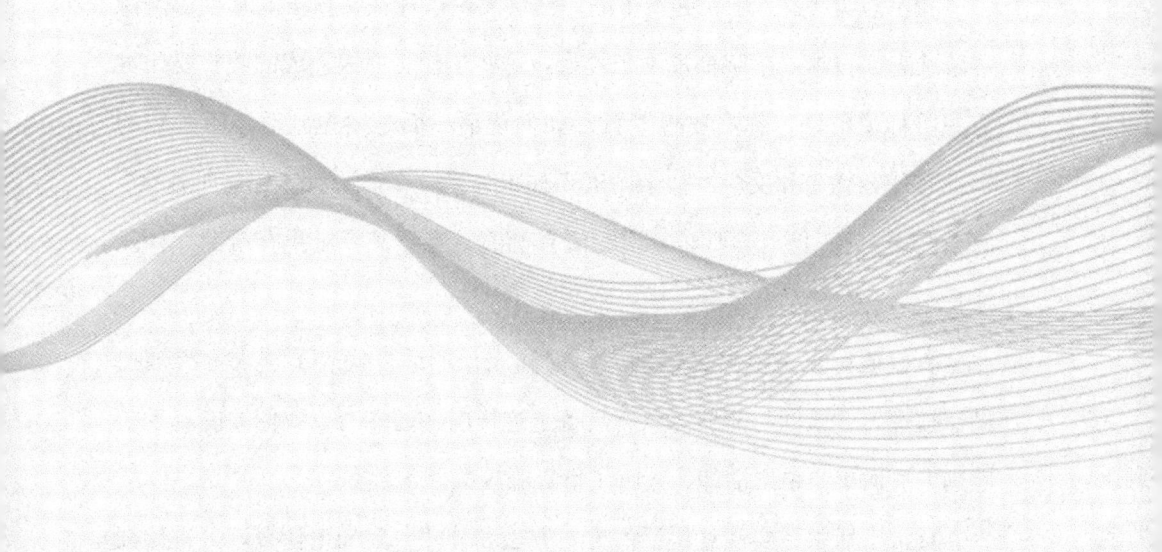

社交时代，沟通力就是生存力

沟通是建立一切关系的基础，也是人与人互相影响的根本。沟通不是单向的，而是双向的。说话的人是"良言一句三冬暖"还是"恶语伤人六月寒"，带给对方的感受一定有着巨大的不同。这就要求我们开口说话要给对方留下好印象，不然就会出现"话不投机半句多"的情况。什么是好印象呢？就是让人听了受用，还想继续听下去。如果对方不愿接收你讲的话，他的心门就关上了。这个时候，不管你说得多好，对方都不再买账。

我们在生活里也会有这样的体会，父母觉得自己特别由衷地、发自肺腑地说一些让孩子好的话，结果没想到孩子听了之后却说："行了，别说了，我不想听了！"还有更严重的，父母无论讲什么，孩子的耳朵都保持屏蔽状态，根本一个字都进不了耳朵。这些是什么原因造成的呢？要让对方想听你说的话，你不要想着自己如何说话，而是要想到对方听了你的话会有什么感受和反应。换个角度，如果你是一个聆听者，你想听什么？有人会说："那我当然要对方说的话有价值，有意义，对我有帮助，让我成长……"

有价值有意义能够带给别人帮助和成长的话，代表了别人觉得被接纳、被理解、认同与需要。只有具备了这样的沟通能力，我们才能真正影响别人，而不是说出话却让人听了不舒服。

日常生活中，要注意说话的方式方法和分寸，要知道什么该讲，什么不该讲,尽量讲好听的话让人舒服,而不要口无遮拦地说一些让人反感的话,更不能讲恶毒的语言给自己和别人带来负能量。知道哪些场合说哪些话,见到什么人说什么话,什么样的话会给人帮助,什么样的话会使人不爽。当一个人知道了这些,情商和智商都会出类拔萃。

一个女人如果说话软语温柔,不咄咄逼人,当说则说当止则止,而且能把话说到别人爱听,就是高情商的人,也是有影响力的人。

人们说话的动机很多,有些是因为寂寞难耐,有些是因为空虚烦恼,有些是因为不吐不快,有些是因为表达优越,有些是因为好强争辩,还有些纯属没事找事。对于说的人,那是倾诉的需要,对于听的人,却不一定入耳。

在说任何话之前,先问问自己是否有必要说。若是不必说就别说,若是说到某个地方,达到那个界点了,就要学会止语。有时候,你的一时口舌之快,却让他人为此承担了更多或许本不必要的麻烦或痛苦。我们如果无法控制自己的嘴,又如何能控制自己的心呢?

学会止语的人,往往在讲话的时候就会谨慎,不会不分场合、不顾身份,更不会口无遮拦。他们在讲话的时候很慎重,考虑好了才会说。所以,有智慧的人都知道"慎言"的重要性。

看两个场景。

其一:

午休时,同事们都在闲聊,小美也加入了聊天。为了能得到别人的认同,小美说起了公司加班的问题,提出不想加班,并且吐苦水,说什么老板不体谅,家里有孩子不容易,加班也没有加班费……大家也都附和着她的言论,点头赞许。然而,小美在参与午休闲聊不久,大家都渐渐疏远她,不怎么和她聊天了。很快,老板就给她下了解雇书。等拿到解雇金时，她才明白话多错多。闲聊的时候，大家都像是一条船上的战友，都跟着她一起吐苦水，但个别人品不好的同事可能就把她的苦水当成了自己高升的台阶，转述给了老板。诉说心事虽然能很快成为众人焦点，但也会很快接近被解雇的边缘。

其二：

小悦家庭条件不错，平日里丈夫在外打拼，她安心在家陪伴孩子，与闺密之间无话不谈。有段时间，丈夫因为工作繁忙忘记了她的生日。小悦心里不舒服，并没有主动跟丈夫说起这件事，而是找闺密倒苦水，说丈夫不在意自己。闺密属于那种看热闹不嫌事儿大的人，给她煽风点火，说男人在外面肯定有了人，所以才长时间不回家而且还记不住她的生日，并且给小悦出谋划策让她试探丈夫。于是，小悦隔三岔五就去丈夫的公司突然袭击，而且还偷偷翻丈夫的朋友圈和联系人。她只要觉得可疑，就会打电话过去质问，还查丈夫入住的酒店和信用卡消费记录，以期找到蛛丝马迹。丈夫知道这些事后，非常生气，认为小悦不信任自己，而且没事找事，和小悦吵了一架，关系越来越僵。小悦抱怨是闺密鼓动自己才导致了这样的结果，而闺密却认定小悦的丈夫是因为有了外遇才这么对待小悦的。就这样，原本风平浪静的小家庭变得硝烟四起。

以上的场景我们很熟悉，最后造成的结果都是因为当事人不慎言引起的。如果能够止语慎言，职场上就不会有被炒鱿鱼的风险，家庭中也不会有矛盾产生。

作为有智慧的女人，会把修炼沟通力当成自我成长的必修课，会把"止语慎言"当作修养，内在越有内涵，内心越丰盈，越是沉稳。一个懂得谨慎言论的人，不会动不动就把自己放在嘴边，也就不会一不小心暴露了自己的弱点和短处。

每个人都有自己的生活轨道，都会遇到各种各样、不同的烦恼，又何必都挂在嘴上呢？因为没有人有义务替你分担什么。所以你有权利用对别人诉说的途径来缓解压力，但更多的时候，保持沉默也是一种自我消化和沉淀的过程。止语慎言，有时是大德。

我曾经是空姐，经常飞国际航班。走出国门之后我发现，中国在经济方面有了很快的提升，但在精神文明方面还有一些需要进一步提升的地方。每一次看到中国人走出国门的时候，我就特别希望她们能够代表真正符合中国的崭新形象。那一刻，我在想：我能够为这些女性做些什么？

在工作中，我每天都会接触到形形色色的旅客，特别在航班延误的情况下，旅客会出现愤怒情绪、过激言行，也会带给我们心理压力。面对压力，我需要自己进行相应的调适。所以我就开始学习心理学，帮助更多的同事进行心理方面的辅导。那个时候，我发现许多女性不仅需要在物质方面进一步提升，在个人的素养方面、情绪管理方面，也都还有很长的一段路要走。

我能够为这些女性做些什么呢？这时候，我又进一步思考了这个问题。那时，我所想到的是：航空公司的经历，可以让我帮助她们更好地去打造气质形象，训练她们与人沟通的能力。进行心理学方面的相关学习之后，我发现自己在心理方面可以帮助更多的女性。我希望她们在职场上能够更加如鱼得水，回到家里也可以更加地幸福和快乐。

不同的人有着不同的成长经历、不同的性格、不同的喜好，所以我们要先学会去观察一个人，知道她喜欢什么、不喜欢什么、拥有怎样的人格特质。然后，通过对人性的了解，找到对方所喜欢的、所能够接受的方法。很多人会用"我"喜欢的方法和对方沟通，但实际上良好有效的沟通和心理学是分不开的。如果你能够了解一个人的心理，沟通到别人的心坎儿里去，那么沟通就是有效沟通。

不同的人喜欢和适用不同的沟通方式。现在，很多的管理者，也都注意到了这一点。他们发现 90 后、95 后的孩子们都是非常有个性的，所以需要了解这些员工，然后再更好地和这些员工沟通相处。在我看来，我们体系中的一个最大亮点就在于，把心理学的沟通技巧和教育体系有机地结合在一起。

高超的沟通力是要说能够带给别人力量与温暖的话语，是当说则说当止则止的"谨言慎语"，是说正能量的话而不是闲言碎语。这样才是有效且有智慧的沟通，也才能影响别人。

公众演说力就是影响力

演说力已经成为目前最大的影响力，无论是团队激励还是招商的演讲，无论是传达理念和价值观还是打造个人 IP，强大的演说力就等于强大的影响力。演说力在我们的人生中至关重要，学会公众演说，可以快速整合资源，凝聚人心，创造机会。

一个女人长得好看，会被人赞美是美女。如果一个女人站在台上有非常好的演说力，对别人产生影响，那她会被赞美是女神。在当今这个时代，越来越多的女性意识到公众演说的魅力，并开始有意识地修炼自己在舞台上的魅力。公众演说曾经是很多男人实现人生梦想和事业野心的武器和工具，我们看到更多的男人站在舞台上用语言影响这个世界，但是，同样有很多了不起的女性演说家，用她们的语言和声音塑造历史的重要时刻。比如民国时期的第一夫人宋美龄，她在中国抗日战争最艰难的时刻，站在美国国会演讲，她也是有史以来第一个站在美国国会演讲的中国人。她站在那里告诉全世界中国人民浴血奋战誓死抗日的决心和斗志，呼吁美国和西方国家支持中国的抗日战争。她不仅在国会演讲，还经常去美国各个州演讲。她的演讲为中国的抗日战争拉到了几亿美元的援助。当时蒋介石对他的夫人说："以夫人的能力，可以抵得上 20 个陆军师。"丘吉尔也曾说过"这个女人可不是弱者"，并公开表示宋美龄是他在世界上最欣赏的少数女性之一。

在英国，有以演说闻名的撒切尔夫人，在美国，有奥巴马夫人米歇尔。她们都是历史上杰出的女性演说家，也影响了整个国家。

随着时代的发展，越来越多的女性走向舞台，发出自己的声音，靠演说成就自己的梦想和事业，并且通过演说影响更多的人。

衡量一个人有多么大的成就，就看他在这个社会上能影响和帮助多少人。你能影响多少人，就有多少人追随你，有多少人追随你，就会有多少人帮助你，你带给别人的帮助，就证明了你的最大成就。比如，比尔·盖茨创办的微软公司是目前全球最大的电脑软件提供商，而马云影响了全中国好几亿人，这就是他们的价值。企业界还有牛根生、俞敏洪、乔布斯、雷军……

他们是靠什么产生了这么大的影响力呢？

公众演说和出色的个人口才！他们都是用演说来传递核心思想和价值理念的。每个普通的人都能成为演讲大师。中国的钢琴调律师盲人陈燕通过奔走演说，改写了以往导盲犬不能上公共交通工具的历史。被称为活雕塑的生命勇士力克·胡哲说："人生最大的残障，不是你没有四肢，而是你没有思想和意念，没有看待你自身生命恰当的角度，而你现在最需要做的就是找到这个角度。心有多大，舞台就有多大。"

不管是在求职路上，还是在升迁路上；不管是推销，还是谈判……无不需要掌握一定的演讲能力和技巧，无不需要提高口才表达力。如果你善于演讲，小则可以讨得他人的欢心，大则可以保护自身的利益；如果你口才拙笨，小则会让自己一事无成，大则会让事业走向衰败！

《荀子》写道："口能言之，身能行之，国宝也。"意思是说，既善于表达，又能身体力行的，是国家的珍宝，这是古人对能言善辩者的最高赞誉。可见，公众演说力才是真正强大的影响力。人生无处不演说，而区别于常人、有影响力的人，大多是因为掌握了区别于常人的演说方法。

演讲既是一种技巧，更是一门艺术。在为人处世中，无论是和颜悦色、言简意赅，还是机智灵活、简明扼要，只要能够合理运用演讲技能，你就可以轻松地得到他人的信任与帮助。

形象气质是看得见的实力

有句网上流行语是这样说的：好看的皮囊比比皆是，有趣的灵魂万里挑一。我要改改这句话，好看的皮囊不容易得，有趣的灵魂更难得。如果好看的皮囊再配以有趣的灵魂，这才能算得上真正的万里挑一，也才能算得上是一个人的综合价值和核心优势。

说得残酷一点，没有好看的外表，谁还能在意你的内涵？光有外在的美丽，日久天长也会由于没有内在的有趣而变成失了香味的花。所以，形象气质就是外在的影响力。形象好气质佳，是让人一眼就能看到的实力。

在形象气质方面，杨澜在访谈节目中分享过自己的故事。她在国外留学时因为穿着随意，不在意形象，结果被房东嫌弃，被面试官拒绝，甚至被一个穿着得体、优雅的陌生人提醒。杨澜的观点很简单也很重要，她说没有人有义务必须透过连你自己都毫不在意的邋遢外表去发现你的优秀内在，你必须精致，这是女人的尊严。

虽然我们一再强调不要因为过分关注一个人的外表而忽视了其内在的品质，但我们也要认识到：一个人的外在形象，是对外界产生直接影响的名片。

某电视台为了印证"女人的好形象是核心优势"，做了一期活动。电视台找来一个女孩当志愿者，在第一轮测试中把这个女孩用化妆术化妆成了一个特别丑陋的人，让她以丢了钱包、手机没电为由，站在繁华的CBD中心大街，拦路找男性借钱。测试结果显示，只有一个男性借给了她100元（是出于同情）。第二轮测试，同样是这个女孩，被用化妆术化妆成了一个美艳的少女，在同样的地点，以同样的理由，还是借钱。测试结果显示，漂亮女孩借到了1500元。她向20个不同年龄段的男性开口，每个人都慷慨大方（是出于对美色的喜爱），甚至还有一部分人主动加了女孩微信，并扬言借给女孩的钱可以不还。

事实证明，在任何时代，外在的形象气质都是让人产生好恶的基础。

美的事物让人产生愉悦感，使人获得精神层面的享受。因此，古代诗歌绘画雕塑等艺术中总是以"美人""美景""美物"成为创作的对象与主题。对于一个人来说，其外貌长相是他人与他接触时能获知的初步信息。如果这个人的外貌长相是美的，自然而然能让那些陌生人产生好感。

经济学家丹尼尔在他的著作《相貌的溢价：为何俊美人士更加成功》中详细讨论了"看脸"这一有趣话题。他列举了关于"美貌人士"的多条经济学现象。我们简单看几条。

在评价到底一个人是不是"美女"或者"帅哥"的时候，文化背景、种族、年龄这些都不会影响我们的判断——这意味着，好看的人就是好看，谁看都差不多。

最漂亮的女性比普通人多挣8%，而最性感的男士则能多赚4%。而悲哀的事实是：在相貌排行中垫底的15%女性，其工资比平均工资少4%，男性则要少赚13%。长相平常的女士选择待在家里而不是工作的概率比美女们要高出5%。"自我选择"使得那些赚钱能力不佳的人选择待在家里，而相貌不佳的女性留守家中的概率更高。

可见，长得好不好已不再是让人看得顺眼不顺眼这么简单的事情，而是上升到了经济学范畴。这种经济学范畴往往带给一个人更多的可能性，拥有好形象，在工作或生活中会享受更多便捷，拥有更多机会，相应地，也会产生更多优势。

所以，想要让自己拥有更大的影响力，我们要懂得在外在形象气质方面下功夫。也许我们不是天生丽质，但也绝不能不顾形象。打造干净、利落、优雅的外在形象，你就已经向别人证明了自己的一半实力。

让高情商缔造影响力

美国心理学家认为：在使人成功的诸多主观因素中，智商（IQ）因素大约占20%，而情商（EQ）则占80%左右。

我们常说："那个人情商太低了……""×××情商好高！！"情商具体是什么？如何才算情商高、低呢？我们的情商又如何？情商通常是指情绪商数，简称 EQ。丹尼尔·戈尔曼接受了萨洛维的观点，认为情绪智商包含以下主要方面：觉察情绪、自我情绪管理、识别他人的情绪、处理人际关系。

高情商的人往往都是情绪管理的高手。一个人能够管理自己的情绪，就会有更加理性的思维和冷静处理事情的方法，长此以往与人交往就少了很多纷争，进而用自己的高情商缔造出属于自己的影响力。

任何一个人若不能处理好情绪，就不可能好好地活在当下，也无法让自己处在平静的状态；既不能善待自己，也不能关怀他人；即便闲暇之时，心中也会一直翻腾着后悔过去、担心未来、不满今天的情绪，并深陷其中；当然，也很难拥有抗挫折能力。

每个人都要努力去学习情绪管理，提升情绪管理的能力。情绪觉醒是一种智慧，也是为人处世的态度和方法。就像亚里士多德所言："任何人都会生气，这没什么难的，但要能适时适所，以适当方式对适当的对象恰如其分地生气，可就难上加难。"

情绪就是心魔，如果你不控制它，它便吞噬你。当你控制好自己的脾气，你会发现自己的内心变得越来越强大，曾经令你困扰的许多问题也会迎刃而解。

"一个人的成功，85%来源于他的人际关系。"在人际关系中，情绪的管理和控制无疑占了相当大的比例。

什么是情绪管理呢？我当然可以引用百度百科的解释来说明，但是我不想这么做，我希望用自己的话来解释到底什么是情绪管理，既更为简单清晰地说明，也帮助自己和他人理解究竟什么是情绪管理。

我的理解是，情绪本质上是我们应对环境的一种反应，而管理就是为了取得一定的成果而采用一些手段。说得更好理解些就是：当外在环境刺激你内心的某个反应点时，你在意识到自己要发怒、发火、发飙的时候，能下意识地去调整情绪，不让那个刺激点爆发。这就是情绪管理。

举个例子。

有一次出差，我在动车上遇到一个不太靠谱的人，在车厢里脱掉了自己的鞋子。当时我的心情特别不爽，于是善意提醒对方可不可以穿上。对方不但没有穿上，还斜瞟了我一眼，直接把我当空气。我越想越气，想把他的丑陋行为拍个照片发在网上。就在这个时候，我开始觉察自己的情绪，调整自己，转念一想：我美好的心情为什么要让一个有错在先的奇葩破坏呢？这样目中无人又不顾乘车规则的人，本身就该被划进"垃圾人"范畴，与其与之较劲，不如选择更加得体的方法处理。这么想着，我去找了乘务员处理这件事。很快，对方在乘务员的劝说下穿上了散发着味道的鞋子，我也没有因为自己过激的情绪而惹麻烦上身。我想，这就是情绪管理。

事实上，大多数高情商的人都能够在恰当的时候转移自己的负面情绪。比如合理宣泄：男生打球、女生逛街、小孩啼哭、老人摔拐……再高深一点，诸如瑜伽冥想、心理疗法等，也是非常不错的宣泄方式。

我们需要学习的是，如何觉察自己的情绪。

我们课上有个学员是大四的学生，她曾经一直以为管理情绪就是永远让别人看到自己坚强、乐观、积极的一面。哪怕在工作或生活中受了委屈，有了情绪，也要假装没有情绪去压抑自己，而不愿意让别人看到她的脆弱。时间一长，大家反而越来越疏远她，觉得她有点假，因为大家都在分享最隐私的情绪，只有她一直在隐藏。直到有一天，因为家中生了变故，她终于没忍住，在人群中放声大哭。当时，所有的同事都围过来安慰她。

后来从她口中得知，其实这个永远正能量的女孩心里也藏着许许多多的不愉快，只是从小到大她但凡表现出不愉快，母亲便会严厉地批评她，久而久之，她便形成了"我只有表现得积极，才会被喜欢"的错误思维。经过这次袒露心声，她终于消除了心中芥蒂，敢于在众人面前表现自己不同的情绪，再次赢得了众人的喜爱。

情绪管理不是消灭坏情绪，当你感到生气、愤怒、紧张或者其他负面情绪时，这是正常的。情绪管理也不是让你忍，强烈的情绪就像洪水来袭，忍而不发就如同筑起水坝堵住洪水。洪水早晚有决堤的时刻，那时候损失就大了。能够在情绪到来的时候接受并想办法转移或调节，才能学会情绪管理。

当你能够正确管理自己的情绪，也就具备了管理千军万马的能力，在与别人相处的时候就会表现出积极和高情商的状态，这样别人也会感觉你是一个十分好相处的人，从而愿意与你互动，也愿意与你建立更好的人际关系。

谦卑的人自带影响力

我们都不喜欢骄傲的人，无论这个人有多么大的成就，如果他不具备谦卑的品性，往往会让自己毁于骄傲。因为骄傲的人常常不可一世，很难得到别人的敬仰，而谦卑的人懂得尊重别人，只有学会尊重别人，才能赢得别人的尊重。谦卑的人，无论在生活中还是在职场里，都能收获好人缘和好福气。常言道，地低成海人低成王，一个人越懂得谦卑，越容易成功。谦卑才能让我们登上更高成就的阶梯，聪明的人经常以很高的水准做事，而那些出类拔萃的精英中的精英，却能够做到谦卑。谦招益，谦卑的人是自带影响力的。

怀有谦卑之心的人往往心中充满了感激，内心时刻存在感激之情会提高个人幸福感，也能提高自身的影响力。当一个人觉得自己特别牛，什么时候都高高在上的时候，他看谁都不顺眼。如果一个人对谁都看不顺眼，又怎么能够自带格局与高度呢？

有个作家说过，培养谦卑有四个很好的方法。第一，停止发自拍照。如果你去看朋友圈，发现全是自拍照，每天不是发九宫格，就是发修过图的自拍照，那你肯定不是谦卑的人。所以你首先要学会停止发自拍照，如果实在忍不住，隔三天发一张就差不多了。第二，你要给自己制订一个计划，即一天不谈论自己。我们在跟别人聊天的时候，别人一说他有什么经验或故事的时候，我们往往无法安静地倾听，总是马上说"我也有一个"抢别人的话题，这也是不谦卑的表现。我们应该拿出一天时间不再谈论自己，而是扮演安静的倾听者，这是培养谦卑的有效方法。第三，找找批评。找一找朋友，让他们专门给你提批评意见，看看你有什么地方应该改进。第四，写一封真挚的感谢信。如果你能够真挚地给某个人写一封感谢信，谢谢他对你的帮助，你的内在会自然而然升起谦卑与感恩之情。不谦卑是来自不感恩，是我们从不觉得别人做的事对我们有多重要，而觉得这一切都是我们的努力。所以如果你能够真心地感谢，你就会不再高高在上。

当谦卑的感觉慢慢出现的时候，你就会变得幸福，同时也会变得具有影响力。我们与别人打交道，实际是在与别人互激互入，即与别人建立你中有我，我中有你的关系。你享受的东西是别人制造的，你贡献的东西也能惠及别人，所以每个人都没有什么好骄傲的。

一个真正了不起的人，不是说走到哪里，别人一看就觉得了不起，而是别人看不出来你了不起，别人看到你跟其他人都差不多。你只有保持谦卑，才能做到这一点，也才能慷慨地给予他人。

当别人发现你是一个既有能力又谦卑的人时，就会从内心升起对你的敬意，既愿意与你共事，也愿意追随你。

越柔和平静越有锋芒

有一本书叫《温柔能够对抗世间所有的坚硬》，书中有一段话：一滴水，多么柔弱啊，然而水的力量，谁敢小觑？它们雕刻了山峦，凿通了石壁，摧枯拉朽地一泻千里，裹挟万物。万物至柔不过水，然滴水可穿石，太极拳里讲"借力打力，四两拨千斤，以柔克刚，以静制动"，这些无一不在诉说着温柔的力量是何其强大。

女性如果拥有柔和平静的性格，在家里就会自带影响力。作为妈妈，会让孩子有很充足的安全感，妈妈越平静孩子越放松；作为妻子，会让丈夫感觉踏实和放心，不会因为做错什么事就引起河东狮吼，也不会听到太多牢骚和抱怨。就像有句话说的"妻贤夫祸少"，真正的贤就是柔和平静，遇事不钻牛角尖，越是柔和越有力量，平静沉稳的人往往自带锋芒。

在所有性格中，平和温暖型的性格应该算是最有魅力的。平和温暖的人有力量、有权威。在生活中，真正强大的人并非张牙舞爪，往往会表现得异常平静、平和。拥有这样性格的人，既能够自省，又能够凡事多站在别人的立场上考虑问题。另外，往往越是温和的人，越有成就。比如，杨绛先生被钱钟书赞誉为"最贤的妻、最才的女"。她在《回忆我的母亲》中写道：我妈妈忠厚老实，绝不敏捷。如果受了欺辱，她往往并不感觉，事后才明白，"哦，她在笑我""哦，她在骂我"。但是她从不计较，不久都忘了。她心胸宽大，不念旧恶，所以能和任何人都友好相处，一辈子没一个冤家。

历史上那些让男人死心塌地爱着的女人，多数是温和大气的人。项羽能征善战，脾气刚烈，性情暴躁，却在温柔如水的虞姬身边服服帖帖，并且对虞姬始终专一。虞姬除了具备女人的美丽之外，更大的特点是温柔。她以女人独有的温和给予项羽鼓励和安慰，让项羽心有栖居之处。

美丽的女人首先是和谐的，由内而外表现出柔和与平静，使心灵向外散发着光辉。这种光辉能够以柔克刚，能够潜移默化影响身边的人。

女人就像一朵花，要懂得运用女性柔和平静的能量让自己呈现最好的状态，让身边最亲近的人都感受到柔和的美，感受到被爱滋养。

我一直对学员们讲，女人应该温暖善良，快乐热诚，不应该当着孩子的面斤斤计较，尤其不能粗声大气数落家人的种种不是。如果儿女从小看到母亲彪悍粗俗口不择言，孩子长大后就很可能和母亲有相同的说话腔调与行为特征，所谓有其母必有其子。孩子出现问题，智慧的妈妈不急不躁，而是让自己平静下来，把情绪调整好，然后再面对问题。"只有平静的内心，才有可能沉淀和吸收教育的理性思考"，母亲真正的教育力量，在于面对孩子成长的过程时做到"柔和平静"。凡是扯着嗓门整天对孩子嚷、对孩子叫喊的母亲，会慢慢失去在孩子心中的引导和影响能力。凡是整天唠叨不断、抱怨不断的妻子，会渐渐失去在丈夫心中的影响力。

柔和平静是一种力量，不怒而自威，不刻意而自带锋芒和影响力。

影响力离不开"靠谱"

如果有人夸我"靠谱"我会非常开心，因为在我看来，靠谱是对一个人最高的褒奖。靠谱说起来感觉挺随意，但真正做起来却非常考验人，靠谱的背后是对别人的尊重与强大的责任心。如果一个人想对周围的人产生影响力，一定要做一个靠谱的人，否则影响又从何谈起呢？

靠谱的人给人的感觉就是"放心"，我们判断一个人值不值得共事、深交和信任，最基本的是看他靠不靠谱。学历高不高、能力强不强、聪不聪明是其次的，但是靠谱很重要。

易中天曾说过一句话，一个人没了底线就什么都能干，一个社会没了底线就什么都会发生。如果没有人品加持，一个人再有能力也没用。想要对别人产生影响力，离不开好人品，好人品的基础是做人靠谱，做事让人放心。

靠谱体现在三个方面。

其一，做事不拖。现实生活中很多人习惯随意承诺说大话，但说过就不了了之。生活中如果遇到朋友，你随口说"下次我请你吃饭""下次我出差给你带什么东西"等，然后永远没有下次，时间一长别人会觉得你只是说说而已。工作中如果承诺了几天完成手头的工作，一定要提前完成而不要拖延，一拖就让人觉得要么没有能力，要么没有诚信。

其二，不要总是解释。有句话说，过多的解释代表掩饰。尤其是做错事以后，错了就是错了，过多解释就是不想承认自己有错，还试图去掩饰。比如，在上班时总有人解释迟到是因为堵车，根本不承认是因为自己晚起了；在开会时总有人解释手机响是忘了调振动，但他们就是不承认自己不守规矩；在发通知的时候，总有人解释没有回复是因为没有看到信息，但是他们就是不承认自己不上心。

有一次，香港著名作家梁凤仪应邀到北京大学做报告。当天上午她参观了中央电视台的一个拍摄基地后觉得时间还充裕，就和朋友共进午餐，没想到在去北大的路上遇到堵车，迟到了整整一小时。会议开始后，主持人一再强调老师迟到是因为塞车，但是走上讲台的梁凤仪却说："各位同学我在此向大家诚恳道歉，北京塞车是常事，但我不应该为自己找借口。我应该把塞车时间计算在内，做好充分准备。如果现场有 1 000 位同学，我迟到的这一小时对大家来说就是浪费了 1 000 小时的生产力量，影响了 1 000 个人的心情，我只盼望你们的原谅。"她的真诚不仅赢得了同学们热烈的掌声，更赢得了大家对她发自内心的爱戴与尊重。

所以，靠谱的人是敢于承担责任的人，而不是犯了错总想去辩解的人。

其三，人品好。靠谱的人对自己有约束，不做违反道德的事，更不做损人不利己的事。

有一则小故事。一家知名企业向社会招聘高级人才，面试的一个试题是："请写出你原来所在单位的最大秘密及对我公司有何价值。"应聘者们曝光了很多前公司的秘密，但是最后一个对此题交白卷的人被录用了。企业给出的解释是，也许这个交白卷的人能力并不是最强的，但是他的人品却是最过关的。

当我们到达了遇事不拖、话不多、人品好的这三重境界时，离靠谱就很近了。每个人都愿意与靠谱的人共事，靠谱的人可以借此机会建立起自己的人脉关系，最终形成影响力。

第7章
幸福力：勇者不惧，不惧者幸福

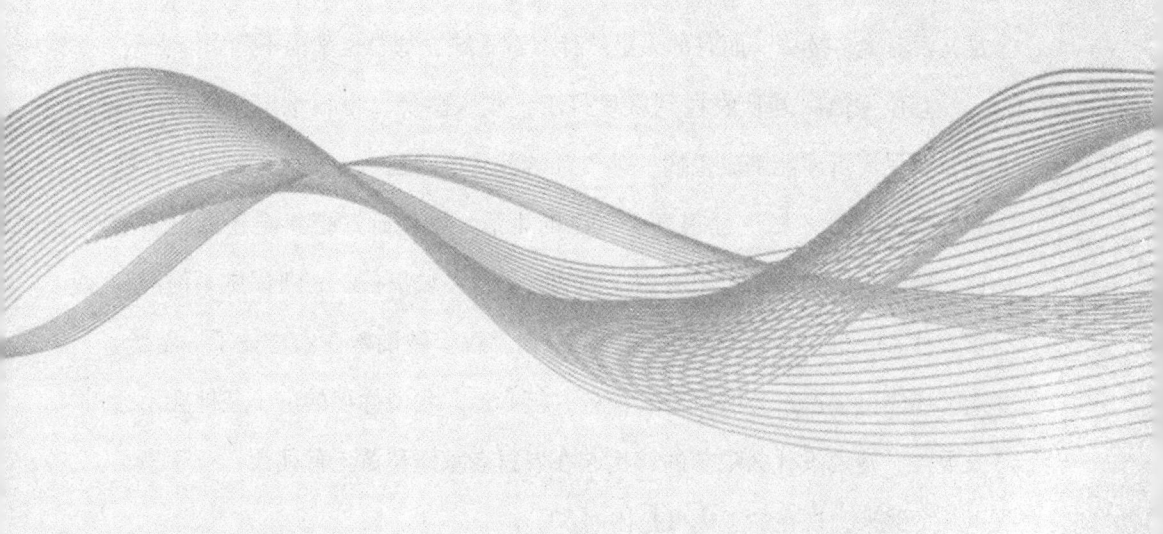

为什么很多人感觉不到幸福

有句话在网上很流行：现代人不缺吃喝，却感受不到幸福。作家王小波说过：一个人只拥有此生此世是不够的，他还应该拥有诗意的世界。我们只是活着是不够的，而应该幸福地活着。要生出对生活的尊重和热爱，以及对幸福的重视和对自己的重视。

现代文明给我们创造了非常丰富的物质生活。哪怕物质越来越丰富，知识越来越多，文化水平越来越高，但人们的幸福感并没有越来越高。尽管很多人不仅解决了温饱问题，而且拥有大量的财富，但他们还是不幸福，不快乐，不开心。

幸福是一种能力，有人住得不宽敞也没有太多钱，却能乐在其中，知足又没有太多欲望。而有的人虽然什么都不缺，却总也幸福不起来。

有位保洁阿姨从农村到城里打工，收入微薄，也很难享受城市的福利，费尽周折才能解决生病、孙子升学等基本问题。一个偶然的机会，我和她交流后，才知道她很享受自己的生活。她说她这把年纪还能打工挣钱，感觉自己很能干也很有用。她的孩子也在城里打工，所以她不但能和家人住在一起，还能自食其力，觉得很幸福。她说她在农村住了一辈子，老了还能出来逛逛公园，看看夜景，挺幸运。我说你租的房子条件会不会太艰苦，她说没什么艰苦的，比起在农村老家面朝黄土背朝天，一年攒不下几个钱来，现在的工作可是体面多了。

这个保洁阿姨没什么高贵出身，没什么家世背景，却依然感觉幸福。她没有抱怨，而是享受自己的一方天地，有着虽平凡却可贵的幸福感。

幸福并不深远，也不是难以企及。幸福不幸福全靠自己的感知。比如，我们小时候过年穿新衣，有压岁钱，就会很开心，而长大了即使买新衣，也有人每月给发"压岁钱"，却不一定开心。原因是随着年龄增长，我们的幸福能力在减弱。幸福的反面不是不幸，而是麻木，是对原本美好的事物视而不见的麻木。

人生有很多种幸福，比如个人独处的幸福，与家人之间处理不同关系体会到的幸福，工作中的幸福，获得财富的幸福，高情商沟通的幸福等。不同种类的幸福，我们都能大有可为。幸福的含义最终靠的是各人自己的界定，每个人都要问问自己："我要的幸福是什么？""对于我来说，什么是幸福？"当一个人开始为自己界定幸福的时候，也就推开了找到幸福的大门。我认为"让自己更幸福"应该成为每个人终生追求的目标。

打造"好女孩"课堂，从事家庭幸福导师培训这么多年，通过对不同案例的分析，我发现很多人不幸福，缺乏爱的感受能力都是因为无法接纳且处处抗拒。因为不接纳，她们造成了对自己的不接纳，对孩子、对爱人、对周围一切事物的不接纳，从而削弱了自己内在的能量，变得越来越负面，最终竖起了一道坚固的墙，让幸福和美好的能量无法穿透这堵墙，走进生命。

我们要做的就是推倒这堵厚厚的墙，让光亮照到内心，给自己以爱的信心和能量，从而活出心花怒放的人生，这就是一个人具备的幸福力。

提升自己的幸福能力

当我们知道幸福是一种能力的时候，就可以通过锻炼让这种能力得以提升。就像肌肉没有力量的时候可以锻炼提升，幸福的能力也可以锻炼出来。当有了感知幸福的能力，就不会被外在的东西所牵绊与纷扰。幸福或不幸福并不取决于挣了更多的钱，也不取决于社会地位的提高。真正幸福的来源在于你追求这些东西的同时，还能随时随地感受到快乐。

就像孔子说自己钟爱的弟子颜回那样：一箪食，一瓢饮，居陋巷，人不堪其忧，回也不改其乐。吃得简单，住得简陋，在别人都担心颜回没法生活的时候，他却照样很开心。这就是一种幸福的能力。

我们不是一定要过简单的生活，我们可以有欲望，可以去赚更多的钱，住更大的房子，换更好的车，但这与幸福并不矛盾。在追求这些的时候要感受到此刻的快乐，而不要被欲望所折磨。有欲望是好的，但是如果欲望得不到满足就非常痛苦，就会变成一种自我折磨，就会让我们的幸福感大打折扣。

哈佛大学有一位教授曾经来北大演讲，当众分享了从幸福到更幸福的五个方面。

第一，接受我们作为人类都会有痛苦的情绪。我们不是独立的个体在这个世上生存和生活，而是与不同的人在一起。每个人都有自己的喜怒哀乐，不是你一个人会痛苦，别人同样也会遇到痛苦的事情。生老病死穷，不幸福的人生各有各的不幸。当我们接受作为人类都会有痛苦情绪这一事实时,反而不会把自己陷在痛苦里无法自拔,不会认为全世界就自己最悲惨。一旦接受,就意味着坦然与释怀,不纠结自己是最痛苦的那个人,反而迈出了走向幸福的第一步。

第二,要定期参加锻炼,让身体动起来。运动让人快乐是一条真理,当身体的细胞被唤醒的时候,新陈代谢就会变得快起来。大脑和心也会跟着积极起来,看问题就会更加积极而不是消极,对于幸福的感知力就会增强。

第三,保有一颗感恩的心。我经常在课上对学员们说,找到通向幸福的方法很简单,那就是每天生出感恩心。感恩可以快速激发我们的斗志,可以帮我们找到聚焦精力和时间的奋斗点。我发现它不仅可以帮助我成功,还可以助我度过最艰难的时刻。它是如此神奇的习惯,虽然要求很少,给予却颇多。感恩是最好的祈祷方式,是强大的"倍增器"。因为感恩是爱的最高表现形式。每一次觉得感激,我们就是在付出爱。当你感谢你所拥有的事物时,无论它们多小,你都会得到更多那样的事物。所以每天发现一个美好,并在那里停留3~5秒,身体会分泌出使我们感到幸福和愉悦的激素:多巴胺和内啡肽。这是经过科学研究证明的。

第四,对自己的大脑设定,我要幸福,我很幸福。自我心理暗示很重要,你觉得自己是个幸福的人,就会朝着幸福的方向努力。反之,如果你天天暗示自己是不快乐、不幸福的人,那么你就真的会消沉。

第五,珍惜亲朋好友和你爱的人们在一起的幸福时光。

人需要社会支持,拥有朋友和家人支持的人更幸福。在缺少社会支持的时候,人们会相对不快乐。那些被亲密的友情和忠贞的婚姻所支持的个体通常比较快乐和幸福。我们要多和亲朋好友创造一些场景和仪式感,感受与他们在一起的幸福时光。

通过以上这五个方面的锻炼，慢慢提升自己的幸福感知力，把这些正能量、正面体验的感受沉淀到你的心里作为你的资粮，你就会具备幸福的能力。

不要陷入"受害者"的思维模式

很多人不幸福不是来自本身不幸福，而是心智模式造成的不幸福。比如，有两种思维模式往往会使人感受不到幸福：一个是习得性无助，另一个是受害者思维。

习得性无助就是你的无助感是从生活中学来的。有个很著名的实验，把两只狗关在通电的笼子里，一个有按钮，一个没有按钮。在有按钮的笼子里，狗知道按了按钮就不会被电，而没有按钮的狗却只能毫无办法地被电。这个实验持续了一个月，人们把两只狗放出来，让他们待在一张通了电的垫板上。那个学会按开关的狗一触到电马上跑掉了，而另一个每天被动挨电的狗只是蹲在那儿叫唤呻吟。因为之前的生活教会了它，被电是不能避免和摆脱的，所以它只能默默承受。生活中拥有"习得性无助"的人会说我现在不幸福，我未来也够呛，我就这样了，不可能幸福。他永远看不到前方有产生乐趣的可能，他对所有东西都没什么兴趣，干什么事情都提不起劲来。

另一种思维模式就是"受害者"思维，觉得自己不好是别人造成的，自己不幸福也是因为别人导致的。

生活中，我们是不是经常在生气的时候把责任归咎于某个人或某件事，很少有人说"我生气是因为我控制不住，是我自己的原因造成的"。比如，经常听到有人抱怨"都是孩子气得我肝都疼""都是老公回家不做家务装大爷，我才气不打一处来的""都是老板太苛刻，老让加班还不给加薪水"……

以前听一位老师讲过一个金句："假如一个人说到问题时总是'你你你你你'，或者'他他他他他'。对于这种人，你有多远离多远。"因为TA会把责任全部推给他人——谈到婚变，只怪伴侣；谈到贫穷，只怪社会；谈到工作，只怪领导或同事；谈到人生，只怪父母……这种人不会面对自己的失败，更不会改变自己的失败。

当思维处于"习得性无助"和"受害者心态"的时候，我们就容易变得脆弱，变得不想改变。

这种将一切不快乐、不幸福归咎于外人的方式，使我们短暂地获得了同情、安慰甚至照顾，实际上我们却处于内在自我匮乏的状态，也缺乏掌控人生的能力。

当我们不再有受害者心态的时候，就不会有情绪，即使有了情绪也能向内归因，先找自己的问题，那么就不会让情绪之火越烧越旺。找找自己的原因，才是让情绪趋于平静的最好办法。

"受害者心态"的害处是非常大的，它会让你一直处于被动状态，让你觉得自己的情感是被动的，自己的工作是被动的，自己的生活也是被动的，幸福也是被动的，自己根本无法左右。

无论环境如何改变，受害者的心智模式如果不改变，都不可能获得幸福。我们看到很多人因为工作不顺跳槽，因为对伴侣不满意离婚（在伴侣没有原则性错误的情况下，比如出轨、家暴等），因为对朋友不满意所以绝交。但是换了下一份工作,换了下一个伴侣,换了下一个朋友,还是抱怨连连。这样的人都属于负面情绪爆棚的人。

所以,我们要试着学习和体会自己的情绪是不是建立在"受害者心态"之上,有则改之,无则加勉,先学会不归咎于外在事物,再学会向内找原因,慢慢让自己的心变得强大起来,坏情绪也就不攻自破了。

当我们从受害者的思维模式中解放出来以后,就能改变自己的习得性无助,变得积极起来。当不快乐的时候,我们不会被动地消沉,而会主动地改变。

积极感受爱并学会如何去爱

每个人幸福与不幸福受两种感受操纵,一种叫爱,另一种叫恐惧。当感受中爱和喜悦的成分多时,就会有强烈的幸福感。反过来,当感受中恐惧成分多的时候,就会觉得不快乐和不幸福。如果我们不是生活在爱中,就有可能生活在恐惧中。比如,你做一份工作,可以选择用爱的方式去做,那么就可能在工作中体会到快乐、奉献、收获与成就;你也可以用恐惧的方式去做,那么就可能体会到竞争、PK和完不成工作的没面子和沮丧。

在家庭关系中,所有情绪上的斗争只会两败俱伤。看似赢了争吵,却输掉了良好的关系;看似输了口舌,其实赢得了和睦的感情。所谓高情商,就是双赢,把更多时间用于好好爱对方,这样才能共同赢得幸福生活!

美国心理学家大卫·R.霍金斯提出了"能量级别理论",能量层级最高的为开悟,紧跟其后依次为平和、喜悦、爱,而悲伤、冷淡、内疚是等级递减的,羞愧是最低的等级。

这些能量级别里,平和、喜悦、爱都与幸福有关,而悲伤、冷淡、内疚都和不幸福有关。毋庸置疑,那些内在平和、喜悦且充满爱的人,精神和气质一定是优雅从容的,内心感受到的也一定是快乐幸福。反之,那些悲伤、冷淡、内疚甚至有羞愧感觉的人,无论是外形还是精神一定会大打折扣,又怎么能够感受到幸福呢?

所以,要学会提升感受爱的能力,然后才有能力去爱。如果一个人有了爱的感受力,又有了爱别人的能力,又怎么能不幸福呢?

一个人如果感受不到爱,就很难给别人爱。假如你没有被爱的感觉,你缺乏被爱的感觉,你很少有爱的感受,那么你就很难把爱给予别人。有的人说这人气场好大,这人好有感召力,为什么?因为他有特别多的爱,所以他能够把爱分享给更多的人。

我在课上经常强调,一个人要有爱的能力,才能拥抱幸福人生。很多学员问什么才是爱的能力?在我看来,不管这个能力是什么,它都一定是自己已经有的东西,可以再分享给别人一点,而不是自己某样东西少了去问别人要。当一个人内心没有足够的爱时,他是没有能力去爱别人的,相反,他会想要在一段关系中不断索取爱。

那么,怎样才能感受爱呢?

首先,要学会分辨自己的情绪和压力。如果你本身就拥有负面情绪,常常内疚、自责和悲观,感受不到爱,那么你就无法去爱别人。你是由于压力太大,还是因为工作太累造成情绪低落呢?这两件事情是有本质区别的。当我们感受不到爱，就无法处理好压力。当我们能够处理好巨大的压力时，我们才能够感受到细枝末节所带来的爱意。

压力是每个人随时都会面临的问题，这就是生活的不确定性。当我们对这种不确定性不那么担忧而是选择顺其自然坦然接受的时候，往往会让自己的内在升起更加强大的力量，这种力量能对抗压力。

其次，不要封闭自己。每个人都活在自己营造的关系中，例如，夫妻关系、朋友关系、亲子关系、闺密关系等。如果想要感受爱，就要表现出对别人的关心，对别人施与的理解和关心越多，我们感受爱的能力和给予别人爱的能力越能得以增强。

最后，重视吸引力法则。如果心里时常想着美好与幸福，那么就会与美好和幸福不期而遇。比如，一个内心消极的人遇到任何的事情首先想到的就是不好的方面，而忽略积极的方面，那么她的注意力和思想就会全部集中在消极的方面。因为她总是忽略好的一面，所以最终她得到的都是消极结果。从另一个角度来说，她通过"消极吸引力"把一些消极的事情吸引过来了。因此，每个人都理应留意自己的思想和言语，消除内心对贫穷等负面东西的担忧，而以对美好的思考取而代之。

通过这些方面的锻炼和有意识地去进行改变，幸福和美好的事情就会慢慢被吸引过来。我们不但能让自己学会感受爱，也会由于自己会爱而能够给予别人更多，从而变成幸福的人。

杜绝与一切关系的"暴力沟通"

幸福的人说出来的话往往让人受用，而内在匮乏的人要么说话伤人，要么不会沟通，导致人际关系糟糕。想要收获幸福人生与和谐的人际关系，就要杜绝与一切关系的暴力沟通。比如朋友关系、同事关系、亲子关系、夫妻关系等，想在任何一个领域感受到快乐与幸福，必须会说话，说让人舒服的话，别人也就会回馈同样的话语给你。这样，既不会引起矛盾，也能提升你沟通能力。

我们不经意间就会使用语言暴力，却不自知。比如，妈妈骂孩子："早知道你这样，还不如不生你。"妻子唠叨丈夫："你除了一天到晚打游戏，还有什么本事？"当一个人只会抱怨，就是在进行暴力沟通。

"要不是因为你，我会发脾气吗？都是你惹我生气的！"

"同事跟猪一样，啥事都干不好，老是拖我的后腿，简直让人气炸了！"

"老板脑子有病呢，总是挑剔我的工作做得不好，遇到了这样的老板算是倒了八辈子的霉了！"

类似的言语我们再熟悉不过，说话的人也许是我们的一位朋友，我们不得不洗耳恭听，否则对方就会认为我们不把她当作朋友。也许我们自己也会说一些别人不愿意听的话，使自己的情绪更加低落，觉得很孤独，连个诉说的人都没有。但是问题是，究竟谁在主导我们的情绪呢？是他人吗？是外界的环境吗？还是其他的人、事、物被别人疏远？

在课上，我经常问学员觉得自己最不幸福的事情是什么？大部分回答是与另一半不能好好沟通，有孩子的妈妈会说孩子不听话。妻子面对爱人的不理解、不同频，就会生气、赌气，甚至与爱人互相指责、争吵，妈妈面对孩子叛逆不听话，常常歇斯底里。就这样，暴力沟通经常在家里上演，导致夫妻关系和亲子关系都不再和谐。

每一个暴力沟通的背后都有一个需求未被满足，所以要想杜绝出现暴力沟通，先要学会觉察自己的情绪。这个觉知就是情绪后面自己的真实需要，认真对待这个需要然后进行表达，才能得到别人的支持，这好过用情绪来换取。当然，并不是每个人都能学会觉知情绪，这是需要练习的。

杜绝暴力沟通的第一步是表达的时候说出感受，而不是说出评判。比如，丈夫每天晚上都要到 11 点半才回家，还一身酒气，这时候妻子肯定很生气。如果是采用平常的沟通方法，妻子会说："你还知道回来呀，你干吗不死在外面呢？"你注意哦，当你说"你干吗不死在外面"的时候，你是在表达自己的感受吗？没有，你只是在发泄自己的情绪。如果换个说法："这一星期你都四天没有早回家了，你这么晚回来我很担心。我希望你每天早点儿回来与我们共进晚餐，这样家才看起来像个家。"这句话的前半句在陈述事实，后面是在说自己的感受，最后还不忘提出具体的要求——"早点儿回来"。这样清晰的表达，既不带情绪又不触怒对方，呈现出高情商的沟通状态。

当我们心情不好的时候或对对方抱有期待的时候，不要"拐弯抹角"，而要直接说。比如，可以直接告诉对方"我今天心情不好"，这样无论是丈夫还是孩子都能照顾到你的心情，知道你不开心不是因为他触犯了你，而且还可能会帮你更快地从负面情绪中走出来。

通过陈述事实告诉对方自己的真实需求和感受，这等于给对方了解自己指了一条路线，清晰得像一张路线图，只要遵照这张路线图，对方就可以更好地理解你的意图。所以懂得不用暴力沟通的人，很容易赢得他人的理解，从而避免与他人之间产生不必要的矛盾和分歧。这何尝不是一种建立关系的能力，一种幸福的能力呢？

表达对别人的喜爱与赞美

每个人都希望得到别人的赞赏，这是人性的真实需要。因为得到喜爱和赞美，代表我们是有价值的人。得到别人的赞美与喜爱，会让我们的内心升起幸福感。一个女人如果想收获美满幸福的婚姻，想拥有知冷知热温柔体贴的丈夫，就要培养起对丈夫与孩子的喜爱与赞美的能力。

有句话说，赞赏让懦夫变英雄，而打击则会让英雄变狗熊。作家柏杨先生曾说过："为了爱情的持续、婚姻的美满，妻子固要取悦丈夫，丈夫也要取悦妻子，至于如何取悦，乃是一种高级的艺术。"

在夫妻相处的过程中，想要维持有价值、长久的感情生活，培养对配偶的喜爱和赞美是两个非常重要的因素。

我们想象两个场景。

场景一。厨房里，忙碌的丈夫在做晚餐，几个小时以后，餐桌上摆满了丰盛的饭菜，妻子来到餐桌对丈夫说："老公辛苦了，做了这么一桌子好饭！"然后，妻子夹着菜尝过，又夸张地说："哇，真好吃，厨艺越来越厉害了。"丈夫笑着，也尝了一口，说："太咸了，这么难吃，你怎么还说好吃？"妻子笑了笑，说："我觉得很好吃啊，我喜欢吃。菜咸了好下饭，下次一定更棒，我的胃以后就交给你打理了。"他们满脸幸福地开始了属于他们的甜蜜晚餐。

场景二。同样忙碌的丈夫在做好饭菜以后，满心期待妻子能够给予夸奖。妻子坐在餐桌前直接开吃，只吃了第一口就皱着眉头开始抱怨："这饭怎么下咽，太咸了吧！"然后，妻子十分不悦地放下筷子，离开了餐桌。丈夫看着妻子离开的背影，满脸落寞，面对一桌子饭菜十分沮丧。如果是脾气不太好的丈夫，一定会说："这么挑剔，下次你做。"

同样的一件事，因为妻子说话的语气和反应不同，结果也不同。在第一个场景中，妻子懂得赞美丈夫，所以丈夫也显得十分可爱。在第二个场景中，妻子十分挑剔，所以丈夫也觉得不舒服。

在一桩婚姻里，如果没有赞美和喜爱，婚姻绝不可能幸福。女人为什么喜欢听甜言蜜语，只不过是希望得到对方的肯定。男人在得到来自妻子的赞美时，满足了他作为丈夫的自尊与信心，他会越来越优秀，这也就是别人常说的好男人都是夸出来的。

喜爱和赞美是鄙视的"解毒剂"。你可以找出配偶身上的三个优秀特征，把它们写下来，和配偶相互看。这样你们都会很开心，也会一起回顾过去的好日子。

有一对夫妻因为吵架上了情感节目，主持人问妻子："是什么原因让你一定要离婚，是他不够好吗？还是他做了什么令你无法忍受的事情？"

妻子说："谈恋爱的时候我什么都好，他说我又漂亮，又会撒娇，还会做饭，并且理解人。但自从结婚不久，他就说我做饭做得难吃，给他买的新衣服穿着不好看，还说我总跟他无理取闹。他宁可在家里打游戏，也不愿意跟我去逛街买衣服。我还是以前的我，只是他不再爱我了。"

丈夫接着妻子的话回应主持人："根本不是她说的那样，是她不再爱我了。之前，她说我阳光乐观，游戏打到无敌，即使我约会迟到，她也最多撒娇让我请她吃个冰激凌，我就能将功折罪。现在倒好，我只要打游戏，她就说我不求上进，我要是下班回来晚了一会儿，她就说我在外面鬼混。还有，之前她总能想着花样儿做饭，现在一周有三天吃方便面……"

其实，两个人都没有什么问题，只是从恋爱时期的甜言蜜语、互相赞美和喜爱，变成了结婚以后的互相指责和埋怨。

每个人都想听到鼓励和夸赞，尤其是在伴侣面前，每个人都想听到最爱的人赞美自己。

也许她煮的饭真的不好吃，也许她穿的衣服并没有那么好看，但这有什么关系？都说情人眼里出西施，说一句"你煮的饭真好吃""你穿得真好看"，让对方知道她在你的心中美得不可替代，不就好了吗？也许他就是爱打一把游戏。偶尔，他工作忙的时候晚回，你说一句"老公挺累的，打把游戏放松一下吧""今天工作又累坏了吧，这么晚才回"，让丈夫觉得你不是嫌弃他而是爱他、关心他，他能不情愿改掉玩游戏和晚回的习惯吗？所以，培养对伴侣的喜爱和赞美是促进婚姻美好的不二法门。

对孩子也是如此。如果作为妈妈常常鼓励和赞美孩子，孩子就会觉得自己是个有价值的人，长成妈妈口中描述的样子。妈妈的话对孩子能够产生非常深远的影响。比如，如果孩子考得不太理想，不懂鼓励和赞美的妈妈会说"你咋这么笨，多简单的题都错了"，孩子听完一定是沮丧的。懂鼓励和赞美的妈妈会说"错的虽然不少，但对的更多，正好可以从错的题里看到哪里还没有学会"。妈妈这样说，孩子听了会对自己充满信心。

只有内心充满爱与幸福感的人才会"口吐莲花"，才会看到别人的好，才会在说话的时候考虑到别人的自尊与需求，不说难听的话，尽量说让人感觉暖心和得到鼓励的话。这样的人自身会很幸福，也会让别人因为她的存在而感受到无比幸福。

善于发现身边的"小确幸"

很多时候，不幸福是因为把幸福的门槛定得太高了。如果事事都想追求圆满，那么往往幸福就会被我们拒之门外。如同得到了好茶就想配个更好的茶壶，得到了鲜花就想配个更漂亮的花瓶，因为得不到好壶和好瓶，就会忽略了茶的清香和花的美丽。追求完美，反而会钻进幸福的圈套，如果过得不快乐，不如试着换个角度，降低幸福的门槛。

聪明人从不和自己较劲，不和他人比较，不和生活较真，不羡慕别人的生活，而是享受自己所拥有的一切。这就是人生的小确幸。

小确幸就是这样一些东西：摸摸口袋，发现居然有钱；电话响了，拿起听筒发现是刚才想念的人；你打算买的东西恰好降价了；排队时，你所在的队动得最快；你一直想买的东西很贵，一天，你偶然在小摊上便宜地买到了；当运动完后，你喝到了冰镇的饮料——"唔，是的，就是它"……它们是生活中小小的幸运与快乐，是流淌在生活中的每个瞬间且稍纵即逝的美好，是内心的宽容与满足，是对人生的感恩和珍惜。当我们逐一捡起这些"小确幸"时，也就找到了最简单的快乐，也就拥有了感知幸福的能力。

幸福大多数是朴素的，它既本色又亲切，温暖地包裹着我们。如同书中描绘的那样：幸福就是生活中不必时时恐惧；幸福就是寻常的人儿依旧，在晚餐的灯下，一样的人坐在一样的位子上，讲一样的话题。幸福就是机场依旧开放，电视仍旧在唱；幸福就是，早上挥手说再见的人，晚上又平平安安地回来了，书包丢在同一个角落，臭球鞋塞在同一张椅子下。

多数时候，我们把朴素的小幸福忽略了。一朵花的盛开，一个陌生人的微笑，偶尔去喂喂流浪猫，这些都是身边的小幸福。幸福是由小事组成的，可能是吃到一份精致可口的点心，可能是今天晚霞灿烂，也可能是遇见了自己心仪的人。这些都是点滴的小幸福。

现在的人之所以不快乐，是因为被欲望包裹得太久，忽略了上天赐予的幸福，想要追求的东西太多，只顾着眼前，却忘了当下。未来的事情尚未发生，当下才是最重要的。只顾着追逐的人永远无心欣赏身边的风景。在《小王子》一书中，小王子非常奇怪，为什么那些大人都在忙碌地追求那些看起来很可笑的权力和金钱，而没有人在意一朵玫瑰花。我们要追求的东西实在太多，没人在意身边的那些东西、那些美好，而那被忽略的一切恰恰是我们所拥有的。唯有怀着感恩的心去看，去体会，才能明白生活赐予了我们什么。

当我们学会慢下来，体会身边的幸福，从这些"小确幸"开始，脚踏实地去做、不辜负眼前和当下，我们就能仰望星空，向往未来。

第8章

增值力：你的底气来自你的价值

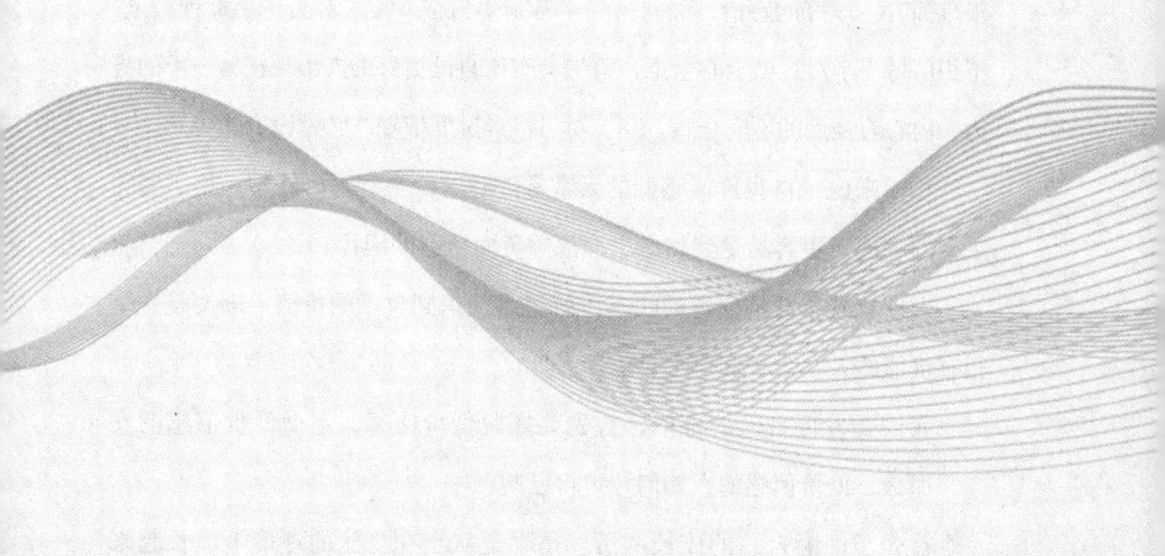

女性自我价值感低的表现

自我价值感影响着我们对自己的评价。在日常生活中，自我价值感低的人通常会有以下表现：（1）内心敏感，常常反复琢磨别人的言行，觉得他人不喜欢自己，甚至可能针对自己。（2）有强烈的不配感，觉得自己配不上取得的成就。（3）总是把别人摆在第一位，哪怕需要压抑自己的需求和想法。（4）被人夸、被人喜欢才感到自己有价值，所以很想得到别人的认可，甚至向不相关的人证明自己。（5）喜欢讨好他人，没有主见，遇事总要寻求他人的理解，缺乏独立思考，觉得每个人都有道理，容易受人左右。（6）习惯性否定自己，否定亲密关系，总觉得自己不够好，觉得自己很难拥有一段好的感情，面对另一半常常不自信。（7）对另一半疑神疑鬼，不相信另一半对自己全心全意，害怕会有比自己更好的人出现在另一半的身边，内心有强烈的不安全感。（8）对另一半过度依赖，常常没有边界感。

总体来说，自我价值感低的人常常伴随着低自尊、讨好型人格、完美主义的表现，更容易受到焦虑、抑郁等负面情绪的困扰。

人一旦处于低价值感的状态，就很难认识到自己的价值。即便是一个很有价值的人，也会变得不自信。

我们要发挥自己的价值，首先要摆脱低价值感，不做低价值感的女人。那么，低价值感的人如何疗愈自己呢？

首先，回溯自己的成长经历。是不是从小在打压的环境下成长起来的，比如生在重男轻女的家庭，会让女性感到自己不被重视，无价值，后天需要花很大力量才能改变这种认知与价值感的建立。这个社会给了女性更多的可能性，即使别人不太把我们当回事，我们也要把自己当回事，学会肯定和认同，了解自己的喜好让自己开心，放开手大胆做自己想做的。

其次，无条件接纳自己。不要把自己变成"万能"的，尤其作为妈妈，切勿以为孩子和丈夫离开你，就照顾不了自己。女性不需要在家人的评价里找价值感，也不需要扮演完美妈妈或完美妻子的形象。我们都需要无条件地自我接纳：在某种程度上，我就是一个与众不同的人，不管我表现良好与否，他人认可我与否，我都会选择无条件地接受自己。我更喜欢获得成功，更喜欢得到别人的认可，但是，我的价值并不是由自己的成就或他人的认可决定的。我的价值只取决于我自己的选择。

最后，让生活充满更多色彩。低价值感的人往往容易把自己圈顿在一个小范围或小圈子里走不出来。要改变低价值状态，就要尝试扩大自己的生命范围，可以热爱一份事业或热爱一项运动。爱自己热爱的东西会比爱一个人更持久，更能收获快乐和价值感。当我们真的开始为自己的快乐负责，真正体验到无关外界评价的自我价值感，才会真的找到完整的自己。这样，你才能让自己觉得赏心悦目，才能真正懂得如何让自己幸福。

自我价值就是你怎样认识你自己，看待自己的价值，你认为自己是什么，是不是有价值，是不是值得被爱、被关注，拥有自由等。比如，我是一个心理师，我很有价值感，我的价值感在于我帮助别人改变；我是一个公司职员，我的价值是能为公司做贡献；我是一个妈妈，也是一个妻子，我的价值感来自我带给家庭温暖。每个人都有自我价值感，只有完全相信自己和认可自己，才能从低价值感向高价值感迈出第一步。只有相信和认可自己是有价值的人，才会拥有真正的底气。

自信与自尊是女人的护身符

有句励志的话是这样讲的:每个女人都应该做自己的 Big Girl。所谓 Big,是指大格局、大视野。新时代下的女性应该具有独立的人格和价值判断。

Girl,表面看是女孩,实际的内涵则是初心与纯粹。遇人遇事能够轻松应对,对自己有充分的自信。

女人只有自信起来,强大起来,才能拥有优雅气质和美的源动力。自信是自尊的基础,没有自信的人谈什么自尊呢?

不论在什么领域,人群中那颗最闪亮的明星永远属于最为自信的女人。自信的女人喜欢符合自我风格的穿戴,喜欢用自己的方式寻找爱情,她们深深懂得幸福婚姻的秘诀。自信的女人拥有内涵,她们是职场上一道道亮丽的风景,是交际场上盛开的鲜花。自信的女人心态积极乐观,她们随时会把这些最阳光的东西传递给身边的人。

2018年,我参加了戈壁108公里挑战赛,工作人员说:其他团队走戈壁男女比例6:4或者7:3,你们"好女孩"厉害了,男女比例1:9。当时有人觉得我们几百名姑娘,得多派几辆车跟着,估计走不到一半就会有很多女孩上车。没想到108公里结束,姑娘们砥砺前行,团结一心,若同行必不负。一位脚腕扭伤,10多位脚底磨出大水疱,医务人员建议姑娘们上车,姑娘们却坚持在小组同伴轮流搀扶下走完全程,没有一个人上车。

一个好女孩说："如果不是和好女孩们一起走，我真的坚持不下来，因为好女孩友爱互助的精神是一股巨大的力量，所以每个人都要努力散发光芒，而且，好女孩给人的感觉就是自信又自尊。"

当一个女人能够拥有自信和自尊的时候，就会像大地一样宽广，承载万物，就会像水一样利万物而不争，她的事业、家庭才能真正繁荣昌盛起来，她的男人、子女一定能在大地上成长起来，变得更加卓越。

可以说，自信与自尊是女人的护身符，也是女人影响别人，带给别人价值感的基础。现实生活中，这样的女人很多。

比如董卿，无论是主持"中华诗词大会"还是"朗读者"，我们都能看到她浑身散发出的强大自信。她不但外表美丽，还"腹有诗书气自华"，所以那种自信不用刻意表现，自然而然就能让人看到。

比如董明珠，在看似为男人所支配的商界里闯荡出一片天地，被誉为"商界铁娘子"。

比如演员刘涛，在嫁给富有的丈夫后选择相夫教子，全身心投入家庭。又在丈夫遭遇挫折时挺身而出，坚强面对，频繁接戏，帮丈夫和整个家庭渡过难关，成为最大气的女人，能屈能伸，为爱既放得下，也拿得起。

比如《哈利波特》的作者罗琳，她曾是靠失业救济金过活的单亲妈妈，如今却是身价超过5亿英镑的英国富婆，赶超英国女王。从一个连房租都无法负担的单身母亲到畅销书榜首作者，她不但凭着自己的力量拯救了自己和家庭，还为全世界点亮了科幻和想象的灯。

她们身处不同的场域，拥有不同的身份，却殊途同归。在她们身上，我们看到了女人的自信。这种自信是董卿提升文化素养时的"宝剑锋从磨砺出"，是董明珠为事业打拼时的"巾帼不让须眉"，是刘涛遇到低谷时的

"不言苦累大度且从容",是罗琳在遭遇生活痛击时的"置之死地而后生"。

女人拥有自信就能拥有自尊,反过来,强大的自尊又能促进女人更加自信。当自信和自尊成为两大力量的时候,女人自然获得了价值感和增值力。

价值的实现不需要过度奉献

女人天性敏感而柔情,大部分女人都属于奉献和付出型的,她们把所有精力都用于维护家庭关系,对所有家庭成员的衣食住行无微不至,还一手包揽全部家务。这倒不是为了讨好谁,而是出于对家庭的爱。但不是所有的全心付出都能得到认可,如果遇到不知感激的,表面看似女人是一家之主,实际上女人的地位很低,没有价值,活成了保姆。

从事女性教育培训以来,我接触了不少妈妈,对她们有了深入的了解。其中,有一类妈妈让人心疼。她们的共同特点就是富有奉献和牺牲精神。为了孩子,她们放弃了原本很不错的工作,回归家庭成为全职家庭主妇。当然,我并不认为全职主妇不好,但不能因为照顾孩子就放弃自己的事业,可以选一个更折中的方法。有的妈妈为了让孩子吃得好穿得好,自己舍不得买好衣服;为了给孩子报更多的课外班,自己宁愿放弃使用好的护肤品;等等。这样的妈妈在我看来表面是奉献型的,实际上并没有体现出自己的价值,而是用压抑自己和放弃自己、亏待自己的方式来成全别人,或许自己还特别累特别委屈。长此以往,她们并不会得到别人的认同和感激。

可能大家会说，哪个妈妈不是这样的呢？叫我说，还真不是。在我看来，这样的妈妈、这样的牺牲精神不值得提倡。尤其有些妈妈奉献得心不甘情不愿，如果孩子不符合她们的预期，她们就会抱怨孩子：我不上班都是为了你，你咋不争气呢？我省吃俭用，还不是为了让你生活得更好，你怎么能这么回报我呢？

我相信，说这话的妈妈大有人在。我心疼这些妈妈的过度牺牲和失去自我。为什么有了孩子，一定要以自己放弃工作为代价呢？为什么给孩子吃好穿好而委屈自己呢？这样的做法就是不爱自己。一个不爱自己的人，怎么可能推己及人，更爱别人呢？一个不懂爱自己，又过分付出去爱别人的人，又谈什么个人价值呢？

价值的实现不需要过度奉献，不能自我牺牲去爱别人。如果妈妈以亏待自己来成全孩子和丈夫，孩子只能学到"我不配、我不值得"，而不会心疼妈妈。

对于一部分具有奉献精神的父母而言，他们在潜意识里是要回报的。比如，父母吃苦是为了让孩子好过，父母不舍得是让孩子享受，等等。

事实上呢？在孩子心里是这样的：

剥削你并不能让我受到滋养，

把你碗里的饭倒进我的碗里，

看你拿着空碗，

并不能让我得到安慰。

牺牲你自己来满足我的需要，

那并不能让我幸福快乐。

所以，还是应坚持我上面提到的，一个人越是爱自己，才越有能力爱别人；一个人在爱自己的前提下爱别人，别人才会没有负担。

我们看一个故事。

有个妈妈带着12岁的儿子去买运动鞋，他们进了一家非常有名的鞋店，里面有各式各样的运动鞋。运动鞋分两个档次，老款打折力度大，价格便宜，新款都不打折，样式好看，却价格不菲。妈妈在看老款打折的鞋，感觉虽然是老款，样子也还能接受，关键是价格亲民，1000块能买三双。但儿子说不要老款，他只要2000多块一双的新款运动鞋，不但款式好，还有气垫。妈妈要求买打折款，儿子坚决要买新款，还对妈妈说："我不想买便宜过时的鞋。妈妈，你平时爱穿打折的便宜货，我不喜欢。"妈妈听了陷入了沉思：原来，在儿子眼里，妈妈是那种亏待自己却又心甘情愿的人。于是妈妈问售货员有没有最新款的女运动鞋，店员找到一双刚上新的女式轻便跑鞋，标价比儿子喜欢的那双还贵。妈妈当即让店员把儿子相中的那双和自己看中的这双最贵的一起打包了。

儿子惊奇地对妈妈说："妈妈，你的这双这么贵，比我要的还贵。你舍得吗？"

妈妈说："我想要更好的，穿着更时尚，也更舒服。"

就这样，妈妈买了一双比儿子的鞋还要贵的新款运动鞋。走出鞋店的时候，儿子第一次给妈妈竖起了大拇指，并说："妈妈，我为你感到骄傲。"妈妈问："为什么？"儿子说："以前从来没有看到妈妈这么做，总是见妈妈在为爸爸买名牌，为家里买用品尽量买好的贵的，从来没有为自己着想过。现在，我觉得妈妈开始爱自己了，这样的妈妈很可爱。"

这个故事给我们传达了一个全新的信念：要把好的东西留给别人，也要记得把更好的留给自己。这个信念不仅适用于父母对待孩子，夫妻之间更应该如此。

当一个女人在生活中能够在爱别人的同时更爱自己，不亏待自己，照顾自己的感受，敢于表达自己，重视自己的感受时，婚姻才能更幸福，家庭才会更和睦，自己也才会更有价值感。

我们要先让自己本身安全起来，如果本身不安全的话，我们就没有办法去爱别人。如果我们有自尊心、自信心，有自我价值感，就不怕被伤害，就能更多地去爱别人。我爱别人的时候，别人就会爱回来。

经济独立+精神独立=自我价值

新时代的女性要实现自我价值，离不开独立，既要有经济的独立，也要有精神的独立。独立的女性对生活有更多话语权，无论是精神独立还是经济独立，都会直接影响她们思想的独立，反过来，思想的独立也能促进经济和情感的独立。

一个女人，不管长得多好看，多有才华，多有气质，只要把自己的幸福寄托在别人身上，这辈子注定患得患失。作为女人，要拥有独立的思想、独立的经济、独立的人格。

虽然现在有戏言"男人负责赚钱养家，女人负责貌美如花"，但这只能是戏言，女人经济独立很重要。琼瑶说：维持婚姻之道，千万别为金钱吵架，经济独立是很重要的。丈夫并不是该养你的人，而是该爱你的人。

男人负责挣钱养家，女人负责貌美如花的前提是，自己有能力让自己貌美如花，而不是巴望着别人给钱。所以经济基础决定上层建筑，此话一点不假。任何人都需要经济独立。

有句电视剧的台词是这样讲的：虽说有金钱买不到的幸福，但说这话的都是有钱人，我还是想先拥有金钱，再谈是否能买到幸福。虽然金钱可能买不到幸福，但有钱了就不会陷入不幸。

在电视剧《我的前半生》里，罗子君论颜值和气质都不差，虽然是全职太太却不能坐享其成，婚姻不断出现问题，最终失去了婚姻，还断送了自己的职业生涯。表面看来，她只负责买买买，但她内心里并没有多少安全感，也防不住公司里的小三勾引丈夫陈俊生，最后不得不离婚。因为经济不独立，她更是险些被剥夺了孩子的抚养权。当初罗子君是相信陈俊生要养她一辈子的，但陈俊生没做到。电视剧中，陈俊生固然有花心和不负责任的一面，但最大的问题还是出在罗子君身上。她自己放弃了自己，把那个勇敢独立、坚强自信，有自己的爱好和事业，能够独当一面的罗子君给丢了。所以，她因为经济不能独立，导致精神的独立和情感的独立都丧失了，还谈什么在家里的地位和价值呢？好在子君遇到了贺涵，贺涵帮助她重新走进职场，重新找回自己。

现实生活中，每个女性都应该做到独立。

之前在电视节目"金星秀"上，金星曾经故意刁难杨幂。金星问杨幂："如果你想给你爸妈买一套房子，你会跟刘恺威商量吗？"杨幂想都没想就回答："不会的，因为我买得起。"

还有记者采访范冰冰，问她："你将来是否会嫁入豪门？"范冰冰非常霸气地回应："我不需要嫁入豪门，我自己就是豪门。"

这就是经济独立带给女性的底气与价值。女性经济独立的意义在于，当你带父母去一家高档餐厅吃饭时，你无须在意菜单背后的价格；当你的父母生病时，你能带他们去最好的医院，接受最佳的治疗；当隔壁邻居家的阿姨炫耀她的儿子多么优秀时，你的父母也能底气十足地说我女儿也不差。更大的意义还在于，努力的女人不会闲得无聊，无事生非，也没有多余的时间在意别人。女性努力的结果还能形成积极的榜样力量，给孩子以示范。最终，女性靠着努力得到了获得幸福生活的底气和信心。

独立的女性，看到任何心爱的东西，不用在乎任何人的阻扰就能获得，独立的女性也能证明自己的强大、睿智和勤奋，她们往往更会得到男人的尊重与青睐。修炼增加智慧，智慧赢得财富，财富保证经济独立。

婚前，经济独立能使你获得一份有质量的爱情；婚后，经济独立能令你获得平等地位和丈夫的爱与尊重，以及长长久久的婚姻。另外，经济独立的女性有更多的话语权，不受制于人，直接带来精神和情感的独立。

女人以经济独立获得情感和精神的独立，也就实现了自己真正的价值。

女人的"值感"离不开"质感"

生命的终极意义在于个体价值的展现。女人要想活出价值感，就要活出有质感的人生。什么是质感呢？就是能够追求快乐、美丽，带着自己的信念活出圆满具足的状态，不觉得亏欠别人，也不让别人亏欠自己。最终实现美上加美，好上加好，绽放出自己的女性魅力，成为自己人生的主宰者，达到身体、心灵状态的最高境界。我们的身体和心灵一旦和谐了，外界就不会有什么东西能够侵扰我们。

让自己活得随性洒脱，不以物喜，不以己悲。想学什么就学什么，想做什么就做什么。我也是个宝妈，虽然有了家庭和孩子，但我依然活力十足，尝试学习各种喜欢的事情，尝试一些看似不可能的挑战。我只是想让自己活得不那么一成不变。

我认为，一个人要过自己想过的生活，才能从心里生长出希望，爱着自己现在的状态，并且还期盼着未来。

我对自己抱有笃定的信念，知道自己带着原本具足的能量与一切正向的、积极的事物产生连接。我们要知道自己追求的东西是有价值的，这种信念会变现出一种不可思议的吸引力，让我们慢慢吸引来自己想要的东西。生命很不可思议，烦恼也是这样。如果你认为烦恼可怕，向它投降，它不会放过你；如果你认为烦恼也就这么回事，今天就要和它做个了断，它就会怕你。你认清楚烦恼，也就化解了烦恼，因为烦恼本不属于你。当你的心不再懦弱的时候，烦恼就没办法进入你的生命，而智慧、光明、快乐、喜悦这些美好的能量将占据你的心灵，使你马上充满了能量。只要念念不忘真相，正念就伴随你；如果你失去了正念，烦恼就会像病毒一样侵入你的生命。反之，只要内心存有信念，则会变负能量为正能量。

在我的学员里有一个小姐妹，她以前过得很不好。25岁的时候，她看见周围很多朋友结婚生子，也着急起来，在父母的安排下第一次相亲，很快就去领证了。结婚后,她发现老公其实不是她想要的,用一句话来说就是"一失足成千古恨"。看着周围其他的女孩找的老公都不错,她更是加深了这种想法。她痛定思痛,发现自己未来的路还很长,不能在一个不爱的人身上浪费光阴。她告诉自己,错嫁是自己的事,如果一错再错,就是自己不给自己的人生找解脱。于是,她带着大家对她的不解和劝阻,结束了这段婚姻。当我知道她离婚的消息时,真的很惊讶。在第二次婚姻中,她的老公是一知名企业的创始人,生意做得风生水起。刚结婚的时候,很多人都觉得她配不上她的老公,说:你老公这么有钱又有能力,随便就可以找个二十几岁的年轻女孩。对此,她还笑着对我说:"从别人的标准来看,我是配不上他。但是从我自己的标准来看,我还认为他配不上我呢。我离婚一次,他离婚两次,还有2个孩子。我30岁,他还40岁呢!"其实刚开始恋爱的时候,她非常犹豫,不确定这次婚姻能否长久,因为离过婚,她深知结束一次婚姻既伤人又伤心。结婚前,她老公对她说了一句话,让她下定决心和他过:"我不愿意再离婚了。"一句平平淡淡的话打动了她。

别人介绍她的时候,都得说她是某某的老板娘,她下意识觉得自己还没有活得独立。

她希望能证明自己的价值,而不是完全依靠男人。她大学本科的专业是园林设计,因此她拿出自己的积蓄买了一个农家院,亲自动手设计装修改成了民宿,小院里白天可以听鸟鸣,晚上可以看星星。她把小院打理得干净又富有自然的气息。她每天直播自己的小院,慢慢吸引了不少人,很多旅游的人都提前预订她的民宿。五年时间,她把原本只有五间房的小民宿扩展成为拥有三十间房的大民宿，找到了自己真正的生活乐趣。她活得没有太大压力，还有了自己的事业，同时也不再因为依附丈夫被称为"某太太"。

女性不要给自己设置藩篱，内心有信念就勇敢去追求。错了不可怕，只有不断试错，总结经验，重头来过，才是勇敢的女性。在所有学员中，她非常健谈，整个人都神采奕奕，虽然年近不惑，看上去却像青春美少女。她说：无论男人还是女人，都要有信念，去做自己人生的主宰者。

诚然，人生需要对自己抱有期许，相信自己是重要角色，这很重要。人才，首先得自己认为自己是个人才，这是奔向不寻常人生道路的起点。信念推动理想的实现，生活才能更加游刃有余，这就是生命的"质感"。

我们永远是自己命运的主宰者，尽管我们这一路离不开别人对我们的帮助和扶持。我们总是很努力很努力地迎合他人，却不能迷失了自己。世界太大，生活太复杂，我们要找到自己喜欢的方向，努力往前飞。生活是我们自己的事情，我们最了解自己的内心动态和自己要走怎样的路。

我们都应该有自己的定位，过自选脚本的人生，给自己期许和目标，带着信念主宰人生，这样才会活出生命的质感，实现自己的价值。

富养自己，不要亏待自己

波伏娃在《第二性》里说，人们将女人关闭在厨房里或者闺房内，却惊奇于她的视野有限；人们折断了她的翅膀，却哀叹她不会飞翔。但愿人们给她开放未来，她再也不会被迫待在目前。

随着社会的发展，很多女性开始实现独立，不再做依附别人的"第二性"，也开始开阔视野，拥有了施展才华的更大舞台。

女人的智慧来自真正认识自己，爱自己。爱自己的最大表现就是要富养自己，不能亏待自己。

我们常听一句话说"儿子穷养，女儿富养"，事实上我更想说"每个妻子、每个妈妈都需要富养"。女人只有富养自己，才能感觉到内在的丰盈，反过来她会把这份丰盈反射出来，影响身边的人。

作家张小娴说过："不管你爱过多少人，不管你爱得多么痛苦或快乐，最后，你不是学会了怎样去恋爱，而是学会了怎样爱自己。"

女人无论知识多么渊博，最好的知识就是学会爱自己。王菲在《给自己的情书》中唱道：自己都不爱，怎么相爱！她的生活绚丽多彩，从不曾为了孩子放弃自我。多年后，她收获的是大女儿窦靖童的一句："看见没，这是我妈，牛逼不？"

当一个女人开始富养自己的时候，带给孩子的是更多积极的能量和生活态度。

作家苏芩曾说：“女人就是要富养自己。你身上所有的焦虑和戾气，都是亏待出来的。不想被俗世浸透，就从现在开始，先爱上自己。我们要对自己足够好，才能一直优雅到老。”

你亏待自己，就会给别人亏待你的理由，你富养自己，生活就会富养你，不亏待你。只有富养自己，才能让别人看得起自己，才不会被亏待，才能配得上任何美好的东西。

女人具体要富养自己什么呢？

富养自己的面容。

美丽的容颜是一张无声又让人惊艳的名片，好好护理自己的面容是对自己的爱，也是对别人的尊重。人与人交往的第一环节往往始于颜值，才有后续的爱其才华，终于人品。干净美好的容颜，是女人的第一重魅力，也是女人的敲门砖，可以敲开事业之门、爱情之门、交际之门……

富养自己的身体。

人生何其短暂，无论上半场还是下半场拼的都是过硬的身体，年轻时靠好身体学习和工作，年老时靠好身体安享和从容。珍惜和富养自己的身体，就是让自己永远有在这个世界生存的资本，就像有句话说的"不拼爹不拼娘，要拼命"，没有好身体怎么拼呢？所以，富养自己的身体就是不要强迫自己去做超出体力的事情，不要为了一些事情委屈自己的身体。尽最大可能调理自己的身体，使其达到最健康平衡的状态。

富养自己的精神状态。

言为心声，腹有诗书气自华，这些都告诉我们内在的精神状态反映于外的事实。外表是一个人的门面，精神状态则是推开门看到的大千世界。只有富养自己的精神，才能让自己快速升值。多读书，多出去走走，既可以开阔眼界，还可以增长阅历。只有精神上富足，才能不为苦而悲，不受宠而欢，寂寞时不寂寞，孤单时不孤单，于喧嚣尘世而自尊自重自强自立自爱不畏不俗不谄。

富养自己的观念。

人与人的不同，本质上还是观念的不同，观念不同，对待人和事的价值观就不同。富养自己的观念就是努力让自己变成正能量的人，先从受害者思维中跳出来，凡事不再委曲求全，也不再一忍再忍，有底线有原则，有自己为人处世的方法和技巧，不人云亦云，也不左顾右盼，坚守自己认为对的东西。富养自己的观念，使女人不再为了别人委屈自己。在这个百花齐放的时代，每个人都有自己的主场。

富养自己的财商。

人们都说一个人的情商应该大于智商，我认为女人要想活得好，离不开财商。财商一方面代表赚钱的能力，另一方面代表花钱的能力。有的人很能赚钱，但却不会花钱，要么没有把钱花在刀刃上，要么虽然花了很多钱，却并没有体现出与消费水平对等的品位。所以说，会赚钱是女人拥有生存底气的基础，会花钱却是女人富养自己的根本。富人财商就是挣钱有能力，花钱有本事，如何把自己的收入合理地用在自己身上，是每个女人都该学习和掌握的技能。

女人要富养自己，保持对生活的好奇和敬畏，善待和爱护自己，让自己处于学习的状态，让自己处于不断变美的状态。女人只有每天进步一点点，既宽容别人也宽容自己，才能活得通透又美丽。

女人只有富养自己，才是真正宠爱自己，女人只有宠爱自己，才会得到生活的宠爱。

爱别人很容易，爱自己却很难。很多女人一生当中，爱丈夫爱孩子爱他人，却唯独忘了爱自己。人世纷杂，只有懂得爱自己的人，才能扮演好人生的不同角色。我们终其一生所追求的，就是摆脱别人的期待，成为最好的自己。

当你爱自己，你才值得被爱。

价值实现是"爱"，不是"控制"

女人自我价值的实现不是通过控制别人得到的，而是通过爱和理解、包容等让别人从内心敬重和回报同等的爱得到的。

如果女人的控制欲很强，往往会让丈夫、孩子等敬而远之，另外也会显得自己是因为内心存在恐惧才去控制别人。再亲近的人之间，也要有界限感。知道哪些事是自己的，哪些事是别人的，从而守住自己的界限，不侵犯别人的界限。中国家庭关系之所以矛盾纷起，往往就是因为彼此间缺少界限感——把自己的意愿强加于人，强行跨入他人的界限。无论是在公司里当领导还是在家里当领导，光有"控制"是不够的，还需要有爱、理解、接纳和包容。

作为妈妈一不小心就想控制孩子，作为妻子非常容易去控制丈夫。还有一类家庭，由于经济条件不好或者是夫妻性格不合导致彼此控制，夫妻双方都认为生活过得不好是对方的错，甚至遇到一个小问题也无法彼此谦让，而是想把责任转嫁给对方，导致争吵甚至家庭战争。

孩子如果从小受制于母亲或父亲，长大以后就会失去自我，不知道自己是谁。一个家庭里如果有人控制欲强，或很喜欢控制各种事情，那么就证明缺乏理解。一个缺乏理解的家庭不可能有包容和体谅，爱也就会相对匮乏。在缺爱的家庭中成长起来的孩子，或多或少会出现一些问题，有的问题很早显现，有的问题晚一些显现。

家庭对一个人的影响有三个层面：生理层面、行为层面和心理层面。生理层面也就是基因遗传，比如脾气，和神经类型有关，会遗传。行为层面会表现出具体的模仿和习得。一个人一出生就在这样的家庭里，习惯了一种生活模式，比如用争吵、打架、控制，或用民主、温和的方式处理问题，孩子们长大后就习惯用同样的方式解决问题，不会用其他方式。所以经常会发生这种情况，一个人从小受到爸爸的打骂和妈妈的指责，他很反感，发誓长大后不会用这种方式对待自己的孩子，但长大后他还是会这么做。表现在心理层面就是早年创伤，早年创伤会影响人的一生。一个不去控制别人的人，一定是先得到过别人的尊重与体谅。如果我们的家庭缺乏尊重，对家庭成员很粗暴或者用控制的手段去解决问题，孩子也会想当然地认为别人就应该按照我说的去做，难以站在别人的角度考虑问题。

再比如，如果夫妻经常为一些鸡毛蒜皮的小事当着孩子的面吵翻天，或者一方想要控制对方以期让对方妥协，就相当于用敌对、争吵给孩子提供了攻击性行为的坏榜样。

有一部分女性想显示自己在家庭里的地位和价值，往往会去控制孩子和丈夫，还会借着"爱"的名义。在现实的婚姻里，有多少女人惶惶不可终日？

一结婚，便收缴男人的全部自由。

手机、QQ、微信、银行卡等密码全部如实招。

每日三令五审，强制交代行踪，晚半小时回家便夺命连环 call。

跟谁一起，说了什么，甚至怎么想的，皆是坦白从宽。

为防止男人出轨，不惜与一切同性为敌。

……

孩子不听话就抓狂，歇斯底里；

孩子偶尔撒谎就觉得孩子人品有问题，穷追不舍打破砂锅问到底；

孩子与异性同学一起放学就怀疑早恋；

孩子考试失利就觉得天塌下来，不管孩子是否愿意，强行给孩子报很多辅导班；

看到别人家的孩子优秀，自己就气不打一处来；

担心孩子学坏，发现孩子抽一下烟、喝一点儿酒、和"坏孩子"们说一句话、穿一件打洞的牛仔裤……她就会暴跳如雷。

……

这样的妻子和母亲既不可爱，也不强大。她们越是控制对方，对方越想挣脱，她们最终把对方弄得十分受伤，自己也疲惫不堪。

女性不要控制任何人，哪怕是以爱的名义。一旦产生了控制的欲望和行为，事实上已经没有了"爱"。爱就是爱，爱是理解和包容，是体谅和心疼，不是控制。控制不是自身权力、地位的体现，更显示不出自己的价值，反而会显得自己内心十分匮乏，没有安全感。一个能够对别人生出体谅、理解、接纳与认同的人，本身就具备"爱的能力"，这样的人内心没有恐惧，由内而外散发着人格魅力，这不就是自身价值最好的体现吗？

第9章

传承力：一个好女人，影响三代人

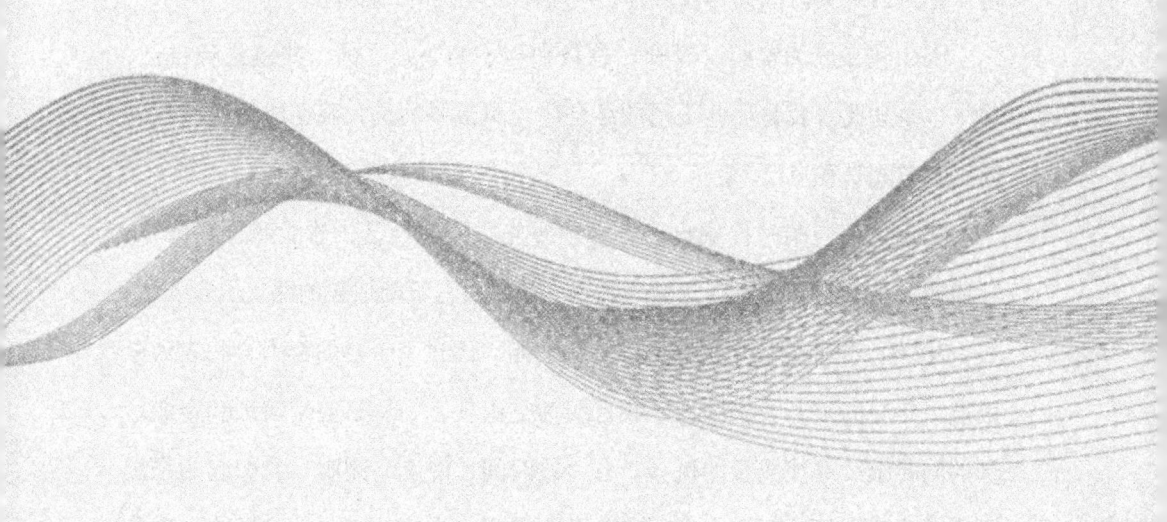

你是妈妈更是你自己

每个人首先是独立的"我",然后才有其他属性。女人尤其如此,首先是自己,其次才是妻子、母亲、女儿等。虽然"男女平等"的口号喊了很多年,但在真正意识形态上,男人和女人还没有达到完全平等。女人依然是在附属身份上找到属于自己的价值。比如当一个好妻子、好母亲,或者当一个好女人。而鲜有人说,真正的价值就是活成了自己,用自己喜欢的方式在这个世界独立存在。

人们给我贴了很多耀眼的标签,比如千里挑一的空姐、诲人不倦的老师、亲切干练的总裁……其实,我更喜欢孩子们叫我"冠军妈妈",我更喜欢把自己定义为"我是钱永静,一个刚柔并济的二胎妈妈"。

因为我在成为空姐、老师、总裁和孩子的妈妈之前,我就是我自己,将来也是如此。我是那些头衔的结合体,更重要的是,我在成为这些的同时,我首先是我自己。

我每天都在暗暗提醒自己,必须要先照顾好自己,才能照顾好孩子,才能让孩子看到我是充满能量的妈妈。我一直在不断成长的路上。

20岁,我抓住校招机会面试成为空姐,经过9个月的努力,我成为全民航最年轻的乘务长;23岁,我晋级为空姐教官,从事空姐培训和企业培训的同时继续寻找成长的机会。有一段时间,晚上一闭眼,我想起的是黑压压的人头,耳边回响的是"把你们的乘务长给我叫过来"。是的,乘务长的压力很大，所以我想到学习心理学，帮助自己和学员学习如何减压。学有所成后，我创办了心理咨询中心，力图在理论和实践中得到提升。

白天，我在航空公司上班，下班后，我开车到深圳各个角落组织沙龙讲课。有一次，深圳下暴雨，堵车，怀胎7个月的我下班后开3小时车到罗湖的早教中心，快速扒拉两口饭便开始讲课，直到晚上10点半才又冒着暴雨天气回家。整个孕期，早上7点从家里出发上班，晚上12点多归家是家常便饭。我足足讲了128场免费沙龙，顺利成为签约讲师，演讲能力更上一层楼。比如，一门价值4.5万元的课程，我仅用20分钟的演讲就能吸引150个人在现场报名交费。我不会放弃任何成长的机会，我迈出的每一步都具有决定性意义。

在航空公司10余年，我给大量女性讲课，培养她们成为内外兼修的女人，但这还远远不够。为此，我创办"好女孩大学"，希望去更多的地方，为更多女性讲课。好女孩不是女强人，而是强女人，既能拥有独立的经济，又能经营好家庭，不为钱和情所困。

"我的孩子三次离家出走，还要寻短见。"一位不懂如何与孩子沟通的妈妈报名参加了我开发的一门课程——优雅智慧。听完课程后，她与孩子的关系重归于好，孩子也发展得很好。我经常开发一些能激发生命力的课件，和创办"好女孩大学"的初心一样，希望帮助万千女性提升自己的智慧，无论是在职场还是家庭，都能绽放生命力，找到生命的意义和价值，做美丽、富足、幸福、自由的女人。

随着新女性影响力时代的到来，每一位女性都需要更好地打造个人IP，发挥自我潜力，创造价值。我除了教学员们知识外，更希望用自己的生命去影响她们的生命，引领她们的精神，身体力行地告诉她们强女人的光芒是耀眼的，希望她们也朝着这个方向去努力。参加环球夫人大赛时，我作为中国区的总冠军站在世界舞台上挥舞中国国旗。在那一刻,我突然觉得生活上的小事不值一提,眼界、格局、心态拉高好多层次。

有一年,我去参加戛纳电影节。我设计了一件礼服,是用中国红的中国丝绸缎面做的,配有玉器、仙鹤、梅花等中国元素,因为我希望能将中国文化传递到各个地方。当主持人问我是哪个明星时,我告诉他:"我不是明星,而是在中国讲课的一个老师,我希望能用我的努力把中国故事讲给更多人听。"这是我的梦想,也是我未来努力的方向。我深信,人的价值不在于身价,而在于为他人带去正能量的价值;生命的意义不在于拥有的财富,而在于活着的真实。

我一直在最适当的年龄去做适当的事,该结婚的时候结婚,该当妈妈的时候当妈妈,该创业的时候创业。无论什么时候,我都没有停下学习与追求的脚步。我认为女人当了妈妈,更要活出独立自我、自由自觉的生活,这样才能带给孩子更多的引领与榜样作用。

活出自己,给孩子当榜样

在《人生由我》一书中,有句话是这样讲的:对孩子最有用的教育,就是让他们看见你在努力成为更好的自己,除此之外,都不重要。女人的传承力首先体现在对孩子的引领和教育上。就像有句话讲的,妈妈是原件,孩子是复印件,想要孩子成为谁,首先自己要成为谁。

我有两个男孩,他们说我努力工作的样子特别美,他们知道我工作的妆容步骤,也知道哪套衣服要配哪双高跟鞋。他们说长大后要当妈妈的助理，因为妈妈是戴着皇冠站在台上演讲的人，是冠军妈妈。他们经常在家里拿灯光模拟星光大道，站在上面有模有样地演讲。

很多妈妈拼事业的时候会自责陪伴孩子的时间减少，也有很多全职妈妈把重心全部放在家里而没有让孩子看到妈妈努力工作的一面。在我看来，无论是事业型妈妈还是全职妈妈，都可以给孩子做出榜样，让孩子看到妈妈努力和精进的一面。我属于事业型妈妈，选择了拼事业，在家的时间便相应减少，但我知道什么时间段要陪伴孩子，至少在孩子的关键时刻不能缺席。每天，我都保证和孩子有互动，让孩子知道妈妈今天在哪里，妈妈时刻在关心他们。我从不偷偷出门，会向对待大人一样跟孩子交代行踪，哪怕他们很小。如今，大宝和二宝都已经是小学生了，我需要抽出更多时间陪伴和引导他们，于是，我做了一个大胆的决定，让专业的管理运营团队负责好女孩的日常经营管理，并把"好女孩"品牌升级为"女性影响力"。我不再担任管理者角色，一心一意做好专业，研发更多课程内容，打造更完善的课程体系，专注于讲课和培养讲师。课余时间，我更多地参与到孩子的成长当中，多走出去为更多女性赋能，为更多有需要的品牌搭建商学院体系，并创造更多价值。

孟母三迁、陶母退鱼、欧母画荻、岳母刺字，很多人都对古代四大贤母的故事耳熟能详。如今读来，那种舐犊情深和正气浩然的母爱仍令人感动不已。喜欢读史的人可能会察觉，每一位成就非凡的伟人身后都有一位聪慧、有见地、三观正确的母亲。有人曾经说过："推动摇篮的手，也是推动世界的手。"

母亲用自己的活法给孩子当榜样，是现实版的教材，让孩子看到母亲是如何生活、如何工作的，有什么样的价值，如何待人接物，这些都是教育，是言传身教。

孩子具有模仿的天性，尤其在成长早期，母亲的榜样作用对他们更为明显。从受教育者的角度分析，子女对母亲有一种与生俱来的依赖和信任，更容易接受来自妈妈的教育和引导。

作为妈妈，我经常问自己能给身边的人带来什么、要给孩子带来什么。

仅仅是带给家庭经济支持就够了吗？我认为，作为妈妈，我要让孩子看到我的努力与进取，看到我不仅是有能力的，也是全能型的。我既可以在家为孩子们洗手做羹汤，又可以在职场上绽放光彩，让孩子们为我骄傲。

妈妈对孩子的教育形式不仅是讲道理。我们平时的言谈举止、处世态度、待人接物的方式方法等，都对孩子具有重要的教育意义。

在我们国家的传统文化中，爸爸代表乾，也就是天；妈妈代表坤，也就是地。在天地之间的人就是孩子。老子在《道德经》中写道："人法地，地法天，天法道，道法自然。"孩子来到这个世界上，首先受到妈妈对他的影响，然后受到爸爸对他的影响。在孩子成长过程中，爸爸要向天学习，"天行健，君子以自强不息"。爸爸必须有阳刚之气，有担当，在问题出现的时候不要抱怨；妈妈要向地学习，"地势坤，君子以厚德载物"，特点是宽，能包容，守信用。天地必须按照自己的轨道运行，在天地之间的人才有可能顶天立地。

在家庭教育中，母亲是孩子的镜子，母亲的言行举止无时无刻不成为近在咫尺的孩子观察、模仿和学习的榜样。母亲萎靡颓废，孩子必定胸无大志；母亲积极向上，孩子一定奋力进取。良弓无臭箭，孩子只有从优秀的父母那里出发，才有可能达到人格与智慧的高度。

这是进步飞速的时代，每个人都面临不进则退的风险。孩子每一天都在吸纳知识，坚持成长。作为家里的主要教育者和影响者，如果母亲不成长，就不会给孩子以强大的影响力。

如果妈妈要求孩子爱惜光阴，好好学习，自己却在不停刷手机消磨时间，任你说破嘴皮，孩子也难以心悦诚服地安坐于书桌前；如果母亲在业余时间坚持学习，不断给自己"充电"，孩子不用督促必定会有强烈的学习欲望和学习动力。这便是情境教育对孩子潜移默化的影响作用。

还是那句话，想要孩子成为什么，你先成为什么，而不仅仅是要求孩子去做，而自己却做不到。

用爱给孩子更多安全感

马斯洛需求层次理论告诉我们，每个人最高的需求就是得到爱与被尊重。孩子在成长的过程中，也是在不断感知这个世界带给TA的东西。如果身边的人是充满爱与尊重的，那么TA成长的环境就会充满安全感。尤其是母亲给予孩子爱与尊重，孩子的身心就会健康快乐。

在爱与尊重下长大的孩子具备一些明显的特征。

首先，情绪稳定平和。看一个孩子的情绪能够感知到他在家里是不是被爱、被尊重。如果孩子在母亲的爱与尊重下成长，那么看问题的角度就是积极快乐的，哪怕遇到一些挫折，也能从中解读出乐观的因素。一般情况下，他们的抗挫折能力和抗压能力都很强。

其次，孩子的免疫力特别好，适应能力强。一个经常感受到爱与尊重的孩子，家庭往往是民主型的，孩子有发言权，有情绪能够得到疏解，做错事情很容易被原谅，并从中悟出一些智慧，这样的孩子心里没有藏着苦痛与委屈，所以时常感到快乐。无论是大人还是孩子，只要身心快乐，就很少生病。

最后，快乐的孩子思维速度快，视野开阔，聪明能干。孩子在爱与尊重的环境下成长，内心会有安全感，不用刻意去讨好别人，也不用察言观色小心翼翼，这样的孩子十分坦然，外在表现就是思维速度快，聪明积极。

孩子的爱与尊重往往都是从母亲身上得到的，然后转化成自己快乐的能力。

母亲对待作为独立个体的孩子，要有哪些智慧和爱去尊重孩子呢？我想，这份爱与尊重来自母亲与孩子之间的彼此影响和相互推动。父母养育孩子，孩子度化父母。因为人与人之间相处是无形的触碰和融合，是以彼此影响为开始的。为什么说教育是一棵树摇动另外一棵树？是一朵云触碰另外一朵云？如果说教育是这样摇动和触碰的话，我们到底该怎么摇动？如何触碰？我经过不断学习发现：孩子一直是以接纳的角度和情怀面对父母，他的灵魂深处一直尽可能地靠近自己的妈妈和爸爸。触碰的过程，其实就是父母愿意与孩子完成感应，让父子或者母子、父女或者母女完成灵魂交集，得到显现的过程。

在学员中，大部分学员都当了妈妈，她们有的是职业女性，有的是全职妈妈。虽然职业不同，但她们都有一个共同的身份——妈妈。

有的妈妈初来学习的时候会抱怨当妈妈不易，要给孩子喂奶、换尿布，照顾孩子的吃喝拉撒，还要应付各种开支，感觉自己完全成了保姆＋洗衣工＋厨师＋育儿师，而且一年365天全年无休，还没工资可领。有的妈妈抱怨要辅导孩子写作业，家里每天都上演鸡飞狗跳亲子大战。但是，等融入我们的团队，与大家一起学习，相互鼓励，连接起来后，她们收获的全是满满的正能量。她们再也不抱怨，而是开始感恩。

感恩，因为有了孩子，才知道什么是一个女人生命的完整；

感恩，因为有了孩子，才体会到夫妻互相帮扶的意义和深情；

感恩，因为有了孩子，才明白什么是养儿方知父母恩；

感恩，因为有了孩子，女人不再像之前那样手捧不得重，肩抗不得沉，在孩子面前，妈妈能吃得下所有苦，成了女超人。

所以妈妈爱孩子，其实是在爱自己，尊重孩子，也是在尊重自己。在爱孩子的过程中付出爱，打开自己原本狭隘的心灵和能量，与孩子连接，接收到孩子反馈回来的爱。我们应该给孩子足够的爱和陪伴，这是生他养他的责任，也是我们学会爱，付出爱，收获爱最大的通道。

美国畅销书作家、两性关系专家芭芭拉·安吉丽思说："无论你遭遇的困难是什么，解决的办法都是爱。解决每一种问题的真正方法，都是来自于爱——更多的爱，而不是更少的爱；更大的热情，而不是更小的热情；更多的接纳，而不是更少的接纳……唯有带着爱，才能得到真正的胜利。唯有去爱，才能成为我们希望变成的模样。爱是唯一的解决办法，它与生命的最高目的产生共鸣。因为这个缘故，它永远是正确的选择。"

妈妈对于孩子的爱，正是教会孩子如何学会爱，这是拥有爱的能力最好的途径。所以，妈妈给予孩子最好的礼物，就是妈妈的爱。

我相信，谁都希望自己的孩子健康有爱，未来走到哪里都拥有和谐的人际关系与顺遂的事业生活。为了实现这个目标，妈妈在孩子小的时候就要给他树立信心，让他充分体会快乐的感觉，懂得接受爱与付出爱，这样他才能像小树一样慢慢长大，向着阳光茁壮成长。

一切都是吸引力创造的结果，爱唤醒爱，美好吸引更多的美好。

孩子当下的健康与未来的幸福都建立在妈妈快乐的基础上，所以，妈妈们请自信自足地活着，尽最大努力给自己的家带去笑声，带去爱与温暖吧。

如果妈妈具备爱的能力，她会在爱孩子、爱父母、爱他人、爱自然的过程中，把这份爱传递给孩子。心中有爱的人会尊重生命，尊重父母，尊重他人；心中有爱的人会有明确的生活目标，会一直向着目标奋进；心中有爱的人会懂得宽容，原谅他人的缺点和不足；心中有爱的人会理解别人，学会分享和承担责任；心中有爱的人会不怕困难，在遭遇挫折之后依然勇敢前行。接受爱的教育长大的孩子，我们才可以自豪地说自己是充满爱的妈妈，培育出了拥有爱的能力的孩子。

女人是家庭的守护者

台湾心理学博士洪兰女士说，从人类演化角度来看，母亲是家庭的灵魂，母亲快乐全家快乐，母亲焦虑全家焦虑。这不是给女性加压，而是提醒我们，在走入婚姻之后，要意识到与家务完美、自己完美、小孩完美相比，自己的身心愉悦才是应该放在第一位考虑的。

在一个家庭里，妈妈是黏合剂，是家人沟通的桥梁，是家庭温度的缔造者和家庭幸福的守护者。

每一个人从父母原生家庭中脱离出来，组建自己的小家，与原生家庭既独立，又牵系。未来，我们上有父母，下有孩子，中间这环做得好不好，关乎重大。作为母亲，有义务有责任当好幸福家庭的守护者，用心经营幸福生活。只有经营好家庭，才能培养出优秀卓越的孩子。

幸福家庭都是什么样子呢？家庭社会学家提出了两种社会标准，即"自我感觉美满"的标准和"外人感觉美满"的标准。无论哪一种，它都能使人产生以下感觉。

归属感。欢乐，有人共享；痛苦，有人分担。家是人们心灵的港湾。

支持感。当你在人生的大海里沉浮，家庭的所有成员为你搭建起了永不沉没的航母。

舒畅感。回到家，你会卸下一道道面具，或躺或立，或哭或笑，还自己一个真诚的自我。

孩子是否能变成一个优秀卓越的人，取决于父母给他们营造的家庭环境。一个家庭是否幸福和谐，是靠夫妻共同承担、维护、理解、认识的。只靠单一的维护，双方是得不到幸福的，要共同理解、共同承担、共同维护、共同认识，那么夫妻之间必须有默契、互相尊重、互相体贴、互相爱慕，真正做到夫唱妇随，这样才能拥有幸福感。

家庭就像一条船，孩子是乘客，老人也是乘客，而妈妈则要当掌船的舵手。

首先，妈妈要爱惜自己。一个人先有爱自己的能力，才有爱别人的机会。为人母的你不应该就此放弃自己的人生道路，和孩子们在一起的同时，你也要学会善待自己，照顾好自己的身体，坚持健康饮食，坚持运动锻炼，并且保持高品质的人际往来。

其次，爱惜自己的家人。妈妈应该有能力对家庭成员表现出关爱之情，在生活饮食、情感情绪的关联中善解人意。悦己悦人，当妈妈开心的时候，整个家庭就会充满欢声笑语。

最后，爱孩子就要多陪陪孩子。通常，我们忙碌了一天回到家里之后会感到十分疲惫，只想躺下休息。但是，这也是在工作日中唯一能和孩子们在一起的时间，所以我们不应该浪费这些时间，而是尽可能地与孩子亲密互动。在周末的时候，我们可以花尽可能多的时间和孩子们在一起，做游戏，讲故事，做家务，这都是为人父母者能为孩子所做的最重要的事情。和孩子们共度时光，不论对父母还是对孩子来说，都是一种幸福的享受。

从家族传承意义上来说，一个女性的成长是可以兴三代旺九代的。她是母亲，是家庭的女主人，是家族的纽带，她对培养下一代起到非常关键的作用。好女孩品牌在这个时候快速地崛起，也正顺应了时代发展的趋势。

我们去影响更多的女性成为幸福家庭的守护者，传递更多的爱与能量给予更多的妈妈，让她们意识到自己担负的责任重大，让她们坚持学习与成长，做真正的引领者和传承者。

美国作家爱默生说，家庭是父亲的王国、母亲的世界、儿童的乐园。只有幸福和谐的家庭，才能养出温暖健康的孩子。

母亲爱孩子就要为之计深远，不仅要为孩子提供一日三餐，让孩子学会知识，更重要的是要为孩子们营造有爱、有动力、有奔头的家庭氛围。少些纷争多些爱，少些指责多些理解，少些抱怨多些宽容，孩子只有在这样的家庭氛围中长大，才能获得爱的能力，获得一生幸福的能力。妈妈要做好幸福家庭的守护者。

影响男人而不是调教男人

我认为，最好的婚姻就像舒婷的《致橡树》里描述的那样：我不愿做攀附的凌霄花，借你的高枝炫耀自己；我必须是你近旁的一株木棉，作为树的形象和你站在一起。我有我红硕的花朵,你有你的铜枝铁干,我们分担寒潮、风雷、霹雳;我们共享雾霭、流岚、虹霓……我必须是一个独立的我,同时也是支持着你的我,我想只有这样的爱情才有活力,经得起洗礼,符合爱的本质——让彼此成为更好的自己。这就是影响的力量,也是平等的力量。

我常对学员们说,调教男人的女人是女权主义在作怪,而影响男人的女人则彰显出自我能力。无论是对待孩子还是对待男人,聪明女人要做的是去影响他们,而非调教他们,因为影响一个人远比教育一个人来得更有意义,也更有效果。

我是一个工作狂,不是在出差就是在出差的路上,不是在讲课就是在讲课的路上。尤其在创业的时候,不少人站出来反对我,我爱人却跟我说:"以你的才华和能力,是可以做航空公司总裁的,放手去干吧。"他给我很多信心和力量,一直在背后无条件地支持和帮助我。

最初,我不是一个合格的妻子,常常因为家庭琐事抱怨,认为先生不理解我。我和我的先生算是周末夫妻,他的公司不在深圳,所以很多时候我需要他在家里支持我,他却不在家。刚开始的时候我也会抱怨,我在想,为什么我找了个老公跟没找一样,弄得我在家里就像一个肩扛一切的女汉子一样。但是随着年龄的增长,我在心理学方面进一步学习,我的观念慢慢地发生了变化。我在想,婚姻是不是幸福不是两个人的事,而是一个人的事情。一个人如果拥有使自己和他人幸福的能力,就不会去调教或抱怨对方,反而会默默提升自己,从而影响对方。就这样,在婚姻中,我从抱怨、不理解,经常被冷落或者是没有办法得到帮助的状态,慢慢地调整好。我发现,在我变好了之后,我先生也有了非常大的改变,他会主动地关心家庭,问问我他还需要做些什么。现在,他特别支持我的工作。

我给学员上课也是这样讲的，我们不教你如何驾驭男人，如何管住男人的钱包，或努力抓住男人的胃，甚至使些别的手段去"对付"男人，这些都是小伎俩。真正有大智慧、大格局的女人，一定活得坦然，对什么事都不去过分挂牵。我指的这份挂牵不是说让你变成没心没肺的人，而是让你学会做没心计、心胸宽广的人。这样的女人，才能兴家旺族。

这也是我提供女性教育的初心。在这10多年时间里，我一直做老师，也开发了非常多的课件，我发现每一位女性真的都可以是天使。女性在家庭里当女儿、当母亲、当儿媳妇、当太太，她们的角色是很多的。通过一段时间的培养，她们都可以得到很大的提升。在我们的学校中，我看到了很多女性都有了脱胎换骨的改变。在这一点上，我们还是非常有信心的。

成年女性在过往的人生经历中，已经沉淀总结了一套为人处世的经验。通过一系列系统化的课程培训，她们能够把这些新掌握的知识和方法，与之前的经验有机结合起来，进一步地运用到她们的工作和生活中。光有理论不行，光有实践而没有理论体系的支撑也不行，所以我们坚持理论加实践，再结合每个学员过往的人生经历，把它们糅合在一起，这样才能很好地帮助到女性。更有意义的是，女性通过系统学习实现了自我的蜕变与成长，自身获得了幸福感和开拓能力。我们学员里有教授、女博士、500强公司高管、旅行家、健身教练、身价过亿的投资人、90后带领10万人团队的创业新锐、在专业领域10年以上的美妆师、专业主持人……虽然她们所在的领域不同，但是她们都有一个共同的身份——"好女孩大学"事业合伙人。女性朋友们可以在这里开拓视野，拥有更多新的生活可能性。

每个来学习的女性都在追求"让不那么完美的自己变好，让本身优秀的自己变得更好"。当女人变优秀了，那么原本丈夫身上有的一些小毛病、小问题就都不是问题了。因为自身的格局变了,看问题的眼光放宽了,女性也就不再指责和抱怨了。

婚姻中的两个人,在发现问题的时候应该先从自身找原因,努力、刻意地去认识自己的配偶并且爱对方,这是一切美满婚姻的基础。每个人用爱的力量和肯定的力量,当对方有问题的时候,不去想着让对方改变,而是静下来想想自己有哪些不足、哪些过错,导致了对方这样的反应,意识到自己身上的问题,从而不把事态扩大化,带给彼此的将是益处,而不会毁掉或逼疯对方。

夫妻之间是互动的关系,也是彼此影响和互相树立榜样的关系。一旦有一方朝着好的方向行动起来,另一方也会跟着行动起来,形成良性循环。如果谁都不愿意改变自己,就会把婚姻引向死胡同。

所以,能做互相尊重的伴侣,前提是不要总想着改变对方,自己先改变,对方就能改变,自己能成长才能影响对方一起成长。

成为真正的人生"赢"家

孙中山先生曾说:"天下的太平安危看女人,家庭的盛衰看母亲。"这是对女人最高的赞许,也是最大的期许。我认为,女人是宇宙的能量,带着安家定国、和睦家庭的情怀和使命来到这个世界上。尤其是在成为妻子和母亲之后,女性既担负着一个家的幸福快乐,又肩负着养育下一代的重任,不能大意,也不能马虎。这才是女人真正具备的传承力,也能让一个女人活出通透与富足感,成为真正的人生"赢"家。

赢字拆开来看，由"亡、口、月、贝、凡"组成，亡：寓意危机感，要常怀敬畏之心，人生如逆水行舟，不进则退，女性如水，载舟亦覆舟。如果常思进取，不断成长，则女性就是度人之源。反过来，如果不思进取，日有所堕，则女性就会变成怨妇，带给别人负能量。口：寓意说出的话，既要修炼自己的口才能力，又能做到口吐莲花，说让人听之愉悦的话、充满能量的话，说话要接地气，才能打动别人。月：寓意盈亏圆缺之不断变化，所以女性要时时修炼自己，内外兼修持续精进，才有时有所盈而不至于日渐所亏。贝：寓意价值与财富，女性要让自己有价值，活得有价值并能带给别人价值。凡：寓意平淡从容的幸福人生，幸福如树需精心灌溉，用心经营。

女人唯有拥有敬畏之心并时时进取努力，坚持修炼自己的沟通力、幸福力、增值力等，才能真正收获"赢"的结果。

女人是世界的源头，源头清则水流清，源头浊则水流浊。德才兼备的女子是引导家庭和社会前进的力量。

我跟我学员分享，一个女人的美不在于是家庭主妇，还是职场女强人；不在于是窈窕妙龄少女，还是半老发福阿姨；不在于是刚谈恋爱的懵懂清涩，还是走进围城的成熟稳重。而在于能不能扮演好自己目前所处的角色，即可以全然地享受工作，享受生活，让工作和生活同频；可以去全然地享受爱情，享受婚姻，让爱情和婚姻同频；可以全然地享受家庭，享受事业，让家庭和事业同频。

只要你此时此刻很专注地去与此时此刻该做的事情连接，你会发现你的精力永远都是充沛的，永远都有与使不完的劲儿，就是那种感觉。我想，这就是女人活出女神范儿的最好状态。一旦有了这种状态，家人会在与你相处的过程中感到舒服，不用提防你随时而来的暴躁情绪，也不用担心你没完没了的唠叨和埋怨。同事与你共事的过程中被你的正能量带动与感染；孩子会被这样的妈妈影响，变得更加积极与健康。最重要的是，当你成为这样的自己，你就具备了强大的磁场，吸引来很多你想要的东西。

有句名言：你怎样想，你的世界就怎样。当你成为好女孩，你不但可以成为人生"赢"家，还能真正兴旺三代人。

如果你不是很了解"好女孩兴三代"这句话的意思，你想想自己的妈妈或者身边已经当了妈妈的朋友们，她们的状态是怎么样的？她们给家庭的是积极的影响还是消极的影响？如此，你就会明白教育好了一个女人，就是教育好了一个家庭这句话有多么正确。

女人会直接影响另一半。我们常说一个成功男人的背后必有一个女人，这个女人一定是全力支持他的，而不是让他在外打完江山，回家之后还要面对她的百般盘问。

女人会直接影响上一代。如果婆媳关系相处不好，家庭就很难获得安宁之日，使另一半在两代人的冲突里左右为难。这样的家庭，如何获得幸福？

女人会直接影响下一代。"推动摇篮的手，就是推动世界的手"，母亲是孩子最好的学校，拥有优秀的妈妈是家庭最大的幸运。

这是我创办"好女孩大学"的原因。我曾在做心理咨询的时候，90%的来访者都是女性，她们婚姻不幸福，和另一半争吵不断，和婆婆公公横眉冷对，对自己的孩子完全没有耐心。她们不知道怎么改变，只会责怪命运不公平，哀叹自己多么不幸。我深深地觉得，作为女人却活不出女人该有的样子，是多么悲哀啊！这样的女人不但达不到"赢"，反而浪费了美好的一生。

女子本是一个"好"字，活得好，活得通透与明白充满智慧，这是我希望每个女孩都能做到的，这样才不枉我们来到这个世界上活一回。

我在想，女人到底应该是什么样的呢？她们应该是美的。

外在：举止优雅，举手投足都很得体，充满魅力；不轻易否定自己，找到适合自己的形象风格，发现自己独特的美。

内在：智慧温柔，在家里可以相夫教子，在家外可以广结人缘，有自己的事业，不拘泥于小小的厨房和家庭这个小小的世界，善于社交，在喜悦中可担当，在温柔中有边界。

这样的女性，我们称之为秀外慧中。

好女人，还应该是有爱的。

首先，她们懂得爱自己。亦舒说：一个女孩子，应该先学会自爱，然后再去爱他人。

一个人如果不懂得怎么爱自己，如何懂得怎么爱他人呢？一个女人，对自己的生活有要求，不自暴自弃，有自己的爱好和正能量的圈子，坚持健身，不沉迷不良的爱好，对自己足够了解，擅长发挥自己的优势，才称得上是懂得爱自己的。

其次，她们也懂得爱别人。一个女人，只有学会正确地爱自己，才能给别人更包容的爱。放任但不放纵，信任但有边界。她们可以帮助另一半减轻压力，打拼世界，让家庭关系和睦，其乐融融；她们可以教育出优秀的孩子；她们可以成为幸福家庭生长最好的沃土。

这样的女性，我们称之为优雅智慧，称之为人生"赢"家。